法布爾
昆蟲記

Souvenirs Entomologiques

法布爾◎著
愛德華・戴蒙◎繪
曾明鈺◎編譯

晨星出版

CONTENTS

第 1 章
我的工作與工坊

　　每個人都擁有獨特的才能與天賦。有些天賦似乎承襲自我們的祖先，但有更多的才能我們卻難以追溯根源。

　　某個牧羊人也許因為數著小鵝卵石打發時間，而成了令人驚嘆的快算家，最後甚至成為數學家。另一個男孩在大多數人最愛玩的年紀裡，卻疏遠同學們的遊戲，獨自傾聽迷幻般的聲音，享受一場只有他聽得見的祕密演奏會——他是個音樂天才。還有個小小孩，吃果醬麵包時都還會弄髒自己的臉，他卻沉浸在捏黏土的喜悅中，如果幸運的話，有朝一日他會成為一位有名的雕塑家。

　　不是每個人都喜歡聽別人談論自己，但請允許我花些時間自我介紹，並談談我的研究。

　　從小，我就被大自然萬物所吸引。如果說這種喜愛觀察植物和昆蟲的傾向，遺傳自我那些只關心自己的牛羊，卻沒受過什麼教育的祖先，實在是有些說不過去。我的四個先祖只有一個能翻書識字，他甚至對自己寫的字是否正確都沒把握。我也從未接受過任何正式的科學訓練，沒有老師、指導者，更常常無書可從，我只知道要朝著自己眼

前的一個目標向前：為昆蟲史增添些許書篇。

回首過往，我似乎看到還是個小男孩的自己，是多麼驕傲我所擁有的第一件吊帶褲，以及嘗試學習字母的情景；當然，對於第一次發現鳥巢和採集蕈菇的記憶，我更是印象深刻。

某日，我爬上一座小丘陵，那裡有一排樹讓我相當好奇。從我家的小窗看出去，我可以看到它們頂著天矗立，在風裡搖動，於雪中扭曲；我當時就希望能更靠近它們觀察，因此我找了一天爬上那座小山丘。那真是場前所未有的漫長攀爬，那面草坡就像屋頂一樣陡峭，我的雙腿那時還很短小，所以爬得又慢又艱難。

突然間，就在我腳下，一隻可愛的小鳥從巨石下的藏身處飛出，我隨即發現一個用獸毛和稻草做成的鳥巢，裡面有六個鳥蛋，顏色是高貴明亮的天空藍。這是我生平第一次發現的鳥巢，第一次因為小鳥而感到無限喜悅。我壓抑著心中的狂喜，躺在草地上凝望著牠。

此時，鳥媽媽不安地在石塊上方亂飛，十分焦慮地叫著：「塔克！塔克！」當時我年紀還太小，無法瞭解牠的苦痛。我像隻小野獸對待牠的獵物般地計畫著，我要先帶走一枚藍蛋當作戰利品，兩個星期後再回來，趁小鳥學飛之前帶走牠們。我把鳥蛋放在青苔上，小心翼翼地捧回家時，恰巧在路上遇到一位牧師。

牧師說：「啊！薩科希柯拉鳥（Saxicola）的蛋，你從哪裡拿的？」

我告訴他事情的經過，並且說：「等其他小鳥長出幼毛時，我再回去拿剩下的那些。」

「哎呀，你不該這麼做的。」牧師說道：「你不該殘酷地搶走可憐的鳥媽媽的小孩。當個乖孩子，答應我別再去碰那個鳥巢了。」

我從這次的對話中學到了兩件事：第一，掠奪鳥巢是件殘忍的事；第二，所有的鳥兒和動物都有自己的名字，就像人類一樣。

於是我問自己：「在森林裡與草原上的那些朋友，都叫些什麼名字呢？薩科希柯拉鳥的名字有什麼意義呢？」多年以後我才知道，薩科希柯拉的意思是「岩石中的住民」，那種生藍蛋的鳥稱作「野鶲（Stone-chat）」。

我們的下村莊，有一條小溪流過，溪的對岸有一叢樹幹光滑、直挺，像是房屋梁柱的山毛櫸。那裡的地面上滿是青苔，我就是在那個樹叢裡挖到我的第一株蕈菇。第一眼看到它時，覺得它就像是迷了路的母雞在青苔上下的一枚蛋。那裡還長有許多大小不同、形狀顏色相異的野菇：有些形狀像鈴鐺；有些像燈罩；有些像茶杯；有些熟破了，流出牛奶般的汁液；有些在我踩踏之後變成了藍色。還有一種很稀奇，長得像頂端有個洞的梨子，當我用手指戳它

裡面時，它就像煙囪般飄出一陣輕煙。我在口袋裡塞滿這種蕈菇，一想到就拿出來讓它們冒煙，直到它們縮成火絨的樣子。

好幾次，我回到那座令人愉悅的樹林，在烏鴉群的陪伴下，學習關於蕈類的基本知識。在家裡是學不到這種採集經驗的。

我的知識幾乎都是經由觀察自然和做實驗學來的，除了兩種知識——解剖學和化學，我是向對科學有所專精的老師學習的。

在解剖學方面，托爾斯大學博物學教授摩金·坦東（Moquin Tandon）幫助我很多，他讓我見識到如何在裝著水的盤子裡解剖一隻蝸牛。雖然這次的學習時間很短暫，卻對我很有裨益。

我第一次學習化學的過程就沒那麼順利了。當時老師做的實驗因爐火過猛而導致玻璃瓶爆炸，許多同學因此受傷，還有位同學差點失明，老師的衣服也被灼破，教室的牆壁被藥液濺得處處都是斑點。後來當我成為老師重回到那間教室時，那些斑點都還殘留在牆上。這件意外至少讓我學到一件事，當我做類似那樣有危險的實驗時，我會盡量讓學生離遠一點。

我一直有個很大的願望，就是能有個野外實驗室。但對於為了生計而每天處於緊張狀態的人，這並不是件容易

的事。四十年來，我渴望著有一塊圍著籬笆的小小土地，一塊偏僻、荒涼、太陽曝曬、長著薊草的小空地，黃蜂和蜜蜂都喜歡到這個地方。我無須擔心被打擾，我可以在這裡實驗和研究，用一種難懂的語言和獵蜂與其他昆蟲朋友進行對答。我就不會因為遠征考察而消耗時間及精力，就能時時刻刻在這裡觀察我的昆蟲了。

我的願望終於實現了！我得到一塊位於小村落裡的幽靜土地。這是一塊「哈瑪斯」（Harmas），也就是我們普羅旺斯人所謂的「不毛之地」。這塊地面上布滿石礫，除了一些百里香外，其他植物很難生長。這種土地不易耕種，只會長些小雜草。我的那塊地是混著小石頭的紅土地，曾被輕度開發耕種過。聽說這裡之前曾經種植葡萄，但後來被移除了。這裡連百里香、薰衣草或矮橡樹都看不到，不過由於百里香和薰衣草這類植物可以吸引蜂類前來，所以我又重新將它們種上。

「哈瑪斯」上有許多野草：茅草、矢車菊、還有一種有著橙黃色花與硬爪般花序的西班牙婆羅門蔘。在這些植物上，還長有一層伊利亞棉薊，這種植物孑然直立，有時會長到六呎高，末稍有粉紅色的簇狀物。還有一些小薊，全面武裝似地，讓採集植物的人不知從何下手。長著嫩芽的矢車菊遍布在其中，如果到這裡不穿長靴，就準備為自己的粗心自食惡果吧！

這就是我努力奮鬥四十年後所擁有的樂園。

我這個稀有、荒蕪的天堂，是無數蜂兒快樂狩獵的園地，我從未看過那麼多昆蟲群集在同一個地方，所有的交易都以這裡做為集散地。獵人來了，泥水匠、紡織工、剪葉工、造紙工、混泥工、木匠、礦工、金匠等各行各業的工作人員都來了。

看！來了一隻裁縫蜂（Tailor-bee），牠剝開黃色矢車菊的網狀柄，採集了一球棉花般的東西，驕傲地用嘴啣走。牠會把這團東西帶到地底，做成小棉袋好用來儲存蜂蜜和蜂卵。還有一群切葉蜂（Leaf-cutting Bee），牠們帶著黑色、白色或鮮紅色的切割刷，打算到附近的小樹叢裡，把葉子切成橢圓形，用來包紮牠們的收成。也有一群穿著黑絲絨的條紋花蜂（Mason-Bee），牠們做著水泥與砂石的工作，在這塊土地上，可以輕易地找到牠們做的石工標本。此外還有野蜂，其中一種將巢築在空蝸牛殼裡；另一種則將自己的幼蟲，放在乾燥的有刺灌木的木髓裡。第三種住在蘆葦桿裡；至於第四種，住在條紋花蜂的空走廊上，連租金都不付。還有些蜜蜂長著角，有些則後腿長著像毛刷的短毛，這些都是用來攜粉、捕攫獵物的。

這塊地的圍牆建好時，建築工人留下了一堆堆的砂石，但不久這些砂石就被各種住戶給占領了。條紋花蜂選擇石縫作為安眠的處所。被惹毛時連狗跟人都會攻擊的凶悍蜥

蜴，選了一個洞穴等待路過的聖甲蟲。黑耳鶲（Black-eared Chat），看來就像穿著黑白相間衣裳的僧侶，坐在石頭上唱著簡單的歌曲，牠那個有著天空藍鳥蛋的巢，一定藏在石堆的某個地方吧！當石堆被移走時，這個小黑衣僧也跟著搬家了。我對這件事感到十分惋惜，因為牠是個可人的鄰居；至於那隻蜥蜴，我就絲毫不在乎了。

　　這些沙堆，遮掩了掘地黃蜂（Digger-wasp）和獵蜂（Hunting-wasp）的住所。很可惜的，建築工人後來把牠們都趕走了。但獵蜂們仍繼續徘徊，忙碌地尋找毛毛蟲；還有一種很大的黃蜂，竟還有膽量捕抓鳥蛛（Tarantula）。這些大蜘蛛多數在地下築巢，在地洞裡，你還可以看到牠們的眼睛有如鑽石般閃閃發光。夏天午後，你還可以看到亞馬遜蟻（Amazon-ant）排著長隊離開兵營，行軍遠赴戰場，前去掠取俘虜。

　　住屋附近的灌木林裡，棲滿了鳴禽、褐紋頭雀、雀鳥和貓頭鷹等鳥兒。小池子裡更住滿了蛙類，每到五月就成了震耳欲聾的交響樂團。黃蜂最大膽，自己進駐我家。白腰蜂（White-banded Sphex）則在我的門口住了下來，每當我開門時都必須小心翼翼，免得在牠採礦時踩到了牠。在關閉的窗戶裡，條紋花蜂在軟沙牆上築起了土巢，牠們利用窗櫺上偶爾留下的小孔，做為出入口。威尼斯百葉窗的裝飾版上，一些迷路的條紋花蜂也建起了牠們的巢。晚餐

時黃蜂翩然到訪，牠們前來的目的無非是想看看我的葡萄成熟了沒有。

　　牠們都是我的伙伴。我親愛的小動物們，我從前的老朋友和最近認識的新朋友，牠們都在這裡打獵、建築和餵養牠們的家人。如果我想的話，也可以到附近長滿野莓、石薔薇與石楠的山丘走一走，那些都是蜂類喜歡群集的地方。這就是為什麼我放棄城鎮來到這個鄉村為蕪菁除草，為萵苣灌溉的原因了。

第 2 章
池塘

I. 神祕的池塘

　　池塘是我童年時期的歡樂泉源，而現在，當我凝視著池塘的時候，依舊不感到厭倦。在這個滿是綠藻的綠油油世界裡，不知道有多少的生命蓬勃著。池中可見黑黝黝的小蝌蚪在嬉戲追逐。有著澄紅色肚皮的蠑螈，用牠的寬尾巴像槳一般地搖擺著，並緩緩地前行。在那蘆葦草叢中則停泊著石蠶蛾（Phrygane）幼蟲的小船隊，牠們將身體隱匿在一個枯枝做的小鞘——它具有防禦天敵的妙用。

　　在池塘的深處，龍蝨（Dytique）在活潑地跳躍著，牠的鞘翅末端帶有一個氣泡，可以讓牠儲備空氣，幫助呼吸用。牠的胸下有一塊胸翼，在陽光的照耀下，像是閃著銀光的胸甲。在水面上，還可以看到一堆閃著亮光的珍珠在打轉，歡快地旋轉著——那不是珍珠，而是豉蟲在開舞會呢！離這兒不遠的地方，有一隊尺椿象（Hydrometre）正在水面上划行，就像裁縫揮舞著手中的縫針橫向滑水，迅速而有力。

仰泳蟲（Notonecte）交叉著兩肢呈十字型，在水面上悠閒地仰泳著，彷彿自己是天底下最偉大的游泳好手。蜻蜓的幼蟲穿著沾滿泥巴的外套，身體的後部有一個漏斗，牠將漏斗裝滿水後，再以極快的速度把水擠壓，藉著水的反作用力高速衝向前方。

　　而在池塘的底下，躺著許多溫和又穩重的軟體動物。有時候，小小的田螺們會沿著池底緩緩地爬到岸邊，小心翼翼地掀開牠們殼蓋，眨眨眼，好奇地展望眼前的美麗樂園。瓶螺、錐實螺和扁卷螺在水上花園的林地空地中，盡情地呼吸一些陸上空氣；黑螞蟥伏在獵物上，不停地扭動著身軀，一副得意洋洋的樣子；成千上萬隻的孑孓在水中有節奏地旋轉著，在不久的將來，這些小蟲將成為蚊子。

　　乍看之下，這只是一汪平靜的池塘，直徑不過幾尺，但在陽光的孕育下，卻猶如一個遼闊神祕的大千世界。對於勤奮的觀察家來說，是一塊寶地啊！同樣地也能打動一個孩子的好奇心。讓我來說說，記憶中的第一個池塘怎樣深深地吸引了我，在我七歲的腦海中深深紮根。

　　我的故鄉土地貧瘠，氣候酷熱。人們謀生不易，擁有草地的地主可以飼養綿羊，還可以在肥沃的土地種植馬鈴薯。有多餘的收穫莊稼則可以養一頭豬，這樣一來便可以安心過日子。但是我家很窮，除了母親所繼承的一棟小房子和一塊小小的荒蕪園地之外，什麼也沒有了。「我們將

怎麼生活下去呢？」這個焦慮不安的難題，常常會掛在父母親的嘴邊。

你知道《大拇指湯姆》這個故事嗎？湯姆躲在他父親的矮凳子下，偷聽父母親說的一些關於生活窘境的對話。我也學著他，不過我的身體不像他那般可以藏在凳子底下，我是伏在桌子上假裝睡著了，偷聽他們的談話。幸運的是，我所聽到的，並不是一件傷心事，相反地，那是一個美妙的計劃。我聽了以後，心中湧起一陣難以形容的快樂。事情是這樣的：

在村子的教堂附近，一個從戰爭中歸來的工匠新建了一個油脂廠。他低價售出有蠟燭臭味的殘渣，他說那個殘渣能夠催肥鴨子。

「我們來養一群小鴨如何？」母親說，「鴨子在城裡銷路不錯，將來一定可以換得不少錢。我們可以買些油脂殘渣回來，讓亨利照料牠們，把牠們餵得肥肥的。」

「行啊！」父親回答：「就養鴨子吧。讓我們來試試看。」

那天晚上，我做了一個美夢。我和一群可愛的小鴨子們一起漫步到池畔，牠們都穿著黃色的毛絨衣裳，歡快地在水中打鬧、洗澡。我在一旁微笑地看著，等可愛的小鴨們洗個痛快，然後帶著牠們慢悠悠地走回家。半路上，幾隻小鴨累了，就小心翼翼地放在籃子裡面，讓牠們甜甜地

進入夢鄉。

　　兩個月後，我的美夢就實現了：我們家裡養了二十四隻雛鴨。牠們是由兩隻母雞孵出來的，因為鴨子自己不會孵蛋，常常由母雞來孵。母雞分不出孵的是自己的親骨肉還是別家的孩子，只要是那圓溜溜、和雞蛋差不多樣子的蛋，牠都很樂意去孵，並把孵出來的小生物當作自己的親生孩子來對待。負責孵育我們家的小鴨的是兩隻黑母雞，其中一隻是我們自己家的，另一隻則是向鄰居借來的。

　　我們家的那隻黑母雞，每天陪著小鴨們玩，對牠們十分的細心周到。不厭其煩地和牠們玩耍，讓牠們健康地長大。我在一個小木桶裡裝了水，約有兩寸高，這是小鴨們的專屬游泳池。只要是晴朗的日子，小鴨們在母雞關愛的眼神下，在木桶裡洗澡嬉戲，顯得無比地美滿和諧。

　　兩星期以後，這個小木桶不能滿足小鴨們的要求了。牠們不但需要大量的水，以便自由自在地翻身跳躍，還需要許多小蝦米、小蟲子之類等食物。而這些食物通常蘊藏在纏繞的水草中，等候著牠們自己去搜找。對我來說，取水是個難題，因為我們家位於山上，要從山腳下帶大量的水上來是非常困難的。尤其是在夏天，我們尚且不能痛快地喝水，哪裡還顧得了小鴨們呢？

　　在我們家附近，有一個小坑，會流出潺潺細流，四、五戶人家都從那裡汲水。學校老師養的驢子也會到那裡飲

水，加上鄰居打完水後，水坑就乾了，要等整整一天一夜之後才會漸漸蓄滿，恢復到原來的樣子。在這麼艱難的水荒中，我可憐的小鴨子自然就沒有自由嬉水的份了。

在山腳下，有一條小溪，那是小鴨們的天然樂園。但要帶著小鴨們到那小溪卻是危險重重，因為在那條路上可能會碰到幾隻兇惡的貓和狗，牠們會毫不猶豫地衝散小鴨們的隊伍。要把驚慌四散的小鴨重新聚攏在一起可是件麻煩事。所以，我只得另謀出路。我想起在山崗上，有一塊草地，還有一個從山裡淌出的涓涓流水匯成的水塘。那是一個寧靜又偏僻的地方，不會有貓狗的打擾，可以成為小鴨們的樂園。

我做為牧鴨童的日子，快活又自在。不過有件事令我很難受，那就是赤裸裸的腳，漸漸地起泡了，十分疼痛。即使想穿上那雙只有在過節的時候才能穿的寶貴鞋子，也無法穿上了。我光著腳不停地在亂石雜草中行走，疼的必須拖著腿走。

小鴨們的腳似乎也受不了這樣的路，因為牠們的蹼還沒有完全長成，不夠堅硬。當牠們走在崎嶇的山路上時，不時地發出「呱呱——」的叫聲，像是在請求小歇一會兒。每當這個時候，我也只得滿足牠們的要求，在樹蔭下歇息，否則牠們恐怕就會拒絕前進。

我們終於到達目的地。那兒的池塘，水淺而暖，由水

中露出的土丘就像是一個小島。小鴨們一到，就到處在岸上尋找食物。吃飽喝足後，牠們會到水裡去洗澡。洗澡的時候，小鴨們會把身體倒豎起來，前身埋在水裡，尾巴高翹在空中，彷彿在跳水上芭蕾。我靜靜地欣賞小鴨們的優美動作，看累了，就轉向水中別的景物。

那是什麼？在汙泥上，有幾段纏繞著的黑沉沉細帶子，像燻了炭。若你看到，可能會把它當作襪子上拆下來的絨線。於是我想：可能是哪位牧羊女在織一隻黑色的絨線襪子，突然發現某些地方織得不好，即使抱怨著，還是決心重來，就在拆得不耐煩的時候，隨手將捲曲的線扔掉。這個推測算是合情合理吧！

我走過去，捻起一段放到手掌裡觀察，不料這玩意兒又粘又滑，一下子就在指尖滑走了。費了好大的勁，就是捉不住它。抓著抓著間，它的結節突然散了，從裡面跑出一顆顆小珠子，只有針尖般大小，後面拖著一條扁平的尾巴，我認出牠們是我所熟悉的一種動物的幼蟲 —— 青蛙的幼蟲蝌蚪。

接著，我看到了其他的生物。其中有一種不停地在水面上轉圈，牠們黑色的背部在陽光下閃著光。每當我伸手去捉牠們的時候，牠們就像預知危險來臨似的，立刻逃得無影無蹤了。本來打算捉幾個放到碗裡面仔細研究，可惜就是捉不到。

看啊！在池水深處，有一團濃密又綠油油的水草，我輕輕撥開一束水草，瞧瞧水底。立刻有許多串串氣泡浮出，我想在這厚厚的水草底下一定藏著生物。我繼續往下探索：美麗的貝殼像豆子一樣扁平，有著密密的渦圈；有一種小蟲看上去像戴了羽毛飾；還有一種小生物擺動著柔軟的鰭片，像是在跳舞一樣。我不曉得這群小傢伙在這裡幹什麼，也不曉得牠們叫什麼。我只能出神地對著這個神祕的水池，浮想聯翩。

　　池水經由渠道漫溢在附近的草地，那兒有幾棵赤楊。我在樹上發現了美麗的生物，那是一隻甲蟲，像核桃那麼大，身上帶著一些藍色。那藍色是難以形容的賞心悅目，我想天堂裡美麗的天使，衣服顏色應該就是這美麗的藍。我懷著虔誠的心情捉起牠，放進了一個空蝸牛殼裡，用葉子塞好。我要把牠帶回家中，細細欣賞一番。

　　接著我的注意力又被別的東西吸引住了。清澈又沁涼的泉水不斷地從岩縫流出，滋潤著這個池塘。泉水先流到石穴中，水滿而洩出，成為一條涓涓細流。我看著看著就突發奇想，覺得那樣下落的泉水就這樣流走實在可惜。可以利用這個流下的水，去推動一個磨。於是，我開始著手做一個小磨，以稻草做成軸，用兩個小石頭支撐，沒多久就完工了。這個水磨做得很成功，只可惜當時沒有其他同伴，只能邀請小鴨們來欣賞我的傑作。

水磨的成功激發了我的創造慾望。我又計劃築一個小水壩，這裡的石頭不缺，我挑選最適合用來築壩的石塊。我仔細挑選合適的石頭，太大的就砸碎。在挑選石頭的時候，我忽然發現了一個奇蹟，它使我把建造水壩的事完全拋到腦後了。

當我砸碎一個大石頭時，裡面有個拳頭大小的窟窿，有個東西閃閃發著光，就像是鑽石透著陽光，閃著耀眼的光；又像是教堂裡的吊燈，在燭光的映照下，閃耀著如水晶般的光芒。

多麼燦爛又美麗的東西啊。它使我想起孩子們躺在打穀場的乾草上，談論著龍將珍寶藏在地下的傳說。奇珍異寶從我腦中浮現出來，現在在我眼前閃著光的東西，會不會就是傳說中的皇冠與項鍊呢？難道它們就蘊藏在這些石頭中嗎？這些被砸碎的石頭之中，我或許可以搜集到許多發光的寶石，這些都是龍賜給我的珍寶啊！我彷彿覺得是龍召喚我前來，十分慷慨的要給我數不清的金子。在岩縫流出的潺潺流水落在沙床上，在沙裡沖積成小漩渦，我看見許多金色的顆粒粘在一片細砂上。我俯下身子仔細觀察，發現這些金粒在陽光下隨著漩渦打轉，這真是金子嗎？是那個製造二十法郎金幣的金屬嗎？對於我貧窮的家庭來說，這是非常稀罕寶貴的！

我輕輕地拈起一撮沙，放在手掌中。沙裡發光的金粒

數量很多，卻非常細小，我必須用被唾沫浸溼的麥桿，才能沾住它們。我不得不放棄這項麻煩的工作。我想肯定有大塊的金子在岩石深處，可以等到以後把山炸了再說，現在，這些小金粒太微不足道了，我才不去揀它們呢！

我繼續把石頭砸碎，看看裡面還有什麼，這次看到的卻不是寶石，石頭的剖面看到的是一條小蟲。牠的身體呈現螺旋形，像貝殼般蜷曲，身上帶著節瘤，像是在雨天的古牆縫隙裡鑽出的扁平蝸牛，那有節瘤的地方很像公羊的角。又像貝殼又像綿羊角的。我不知道石頭裡怎麼會有這些東西，也不知道當時的牠鑽進去做什麼。

為了紀念我發現的「寶藏」，再加上收藏心的驅使，我把石頭裝在口袋裡，塞得滿滿的。這時候，夜幕低垂，小鴨子也都吃飽了，於是我對牠們說：「來吧！我們走吧！跟著我回家了。」我的腦海裡裝滿了意猶未盡的幻想，全然忘記腳跟的疼痛。

回家的路上，我盡情地想著我的藍衣甲蟲、像蝸牛一樣的蟲，還有龍所賜的寶物。可是一踏進家門，我就回過神來，父母的反應令我瞬間變得失落。他們看見了我那鼓脹的口袋，在重量與粗糙的尖利下，口袋破了。

「臭小子，我叫你看鴨子，你卻去撿石頭玩，是不是還嫌我們家周圍的石頭不夠多啊？把這些石頭都扔出去！」父親衝著我吼道。

我只好遵照父親的命令，把我的那些原石、金粒、綿羊角般的化石和天藍色的甲蟲統統拋在門前的垃圾堆裡，母親看著我，無奈地嘆了口氣。

　　「孩子，你真讓我難過。如果你帶些青草回來，還說得過去，至少可以拿去喂兔子。但是這種碎石只會把你的衣服弄破。而奇怪的蟲子則會把你的手弄痛，你拿這些東西做什麼呢？傻孩子！肯定是什麼魔法讓你被這些東西迷住了！」

　　可憐的母親，您說得對，的確有一種東西把我迷住了──那是大自然的魔力。幾年後，我終於知道那個池塘邊的「鑽石」其實是岩石的晶體；而所謂的「金粒」，不過是雲母而已，像綿羊角的蟲是菊石，天藍色的甲蟲則是麗金龜，這些並不是什麼龍賜給我的寶物。儘管如此，對於我來說，那個池塘始終保持著它的誘惑力，它充滿了神祕，其魅力遠勝於鑽石和黃金。

Ⅱ. 玻璃池塘

　　自古以來，許多池塘都被人拜訪過。它們蘊藏著神祕財寶，我總是熱切的用網子搜索。我奮力攪動淤泥，把滿覆根毛的藻類弄得亂七八糟。在我的記憶中，沒有任何一個池塘比得上我第一次看到的那個池塘，那個池塘在開心與失意的時候，都受到時間的頌揚。

你有建在房子裡面的小池塘嗎？在那個小池塘裡，你可以不受干擾，隨時觀察水中生物生活的每一個片斷。它不像戶外的池塘那麼大，也沒有太多的生物，卻剛剛好為觀察提供了有利條件。除此之外，還不會有行人來打擾你專注的觀察。這並不是什麼天方夜譚，這是很容易實現的。

　　我的室內池塘是在鐵匠和木匠的合作下完成的，鐵匠先用鐵條做好池架，再把它放在木匠做好的基座上面，上面蓋著一塊可以活動的木板，在架子的側面鑲上厚玻璃，最後有個塗上柏油的鐵皮底，再加上排水的水龍頭，便大功告成。這是一個設計得相當不錯的作品，就放在我的窗口，體積大約有五十多升。我們該如何稱呼它呢？養魚缸？哎呀，這個叫法實在不妥，讓人聯想到金魚。就讓我們給它取作「玻璃池塘」吧！

　　我先往池裡放進一些石灰質結殼。那是一種份量很重的東西，表面長著許多小孔，看上去像是珊瑚礁。此外，硬塊上面蓋著許多綠綠的苔蘚，彷彿綠色草地。我不用更換水的方法，因為頻繁的換水會擾亂這塊居民的生活，而這苔蘚能夠使水保持清潔，為什麼呢？讓我們來看一看吧。

　　不換水，那麼有動物居住的池塘就會充滿不適合呼吸的臭味，以及充斥排泄物。動物在水池裡和我們在空氣中一樣，需要吸入新鮮的氣味，同時排出廢氣（二氧化碳）。二氧化碳不適宜人類呼吸，卻與植物剛好相反，它們吸入

二氧化碳。所以池中的水草就吸收這種廢氣，經過一番工作後，重新製造出可以供動物呼吸的氧氣，完成了淨化的工程。

如果在陽光照射的池邊站一會兒，可以觀察到藻類工作的變化。鋪著綠地毯水草的珊瑚礁上，閃爍的無數光點，好像是綠草坪上點綴著的零零碎碎的珍珠。這些珍珠不斷地蹦起、消逝，接連不斷的循環著。它們會倏然在水面上飛散開來，好像在水裡發生爆炸，冒出一串串的氣泡。

化學理論告訴我們，藻類的綠色物質，以及陽光的作用，分解了水中的二氧化碳，得到碳元素。水裡因為動物居民呼吸的氣體和排泄物充滿二氧化碳。藻類保留了碳，碳被製造成新的生理組織。藻類所吐出來的廢氣是新鮮的氧氣，這些氧氣一部分溶解在水中，供給水中的生物呼吸；一部分離開水面還之於大氣。池塘裡的動物居民用溶解於水中的那部分生存，不好的產物氧化後消失了。

我經常注視著玻璃池塘，對藻類可以使死水保持衛生的現象始終興致盎然。我想著：在很久很久以前，陸地剛剛脫離了海洋。那時，海藻是第一個出現的植物，它吐出第一口氧氣，供給生物呼吸。於是這世上，各種各樣的動物相繼出現，並且繁衍下來，一代又一代，直到形成今天的生物世界。我的玻璃池塘似乎在告訴我 —— 充滿純淨空氣的一個行星的故事。

第 3 章
聖甲蟲

I. 圓球

遠在六、七千年前，聖甲蟲就已被人們所記載了。古埃及的農人在春天灌溉洋蔥田時，常常會看到這種又肥又黑的昆蟲，忙碌地向後滾著一顆圓球，慢慢地從旁經過。他們當然會驚訝地看著這隻滾球動物，就像今日普羅旺斯的農人一樣。

古埃及人想像這個圓球是地球的象徵，聖甲蟲的一切動作都被宇宙星球運行所影響。人們認為這小小的昆蟲具有豐富的天文知識，簡直幾近神聖，所以把牠們叫做「聖甲蟲」。人們也認為滾動的球裡隱含著蛋，小甲蟲會從球裡爬出來。但事實上，那只是聖甲蟲儲藏的食物而已。

圓球裡面不見得是好吃的東西，牠小心翼翼滾動的球，不過是牠從路上、田裡掃集而成的髒垢。

聖甲蟲寬扁的頭上有六個牙齒，排成半圓形像是一把彎彎的耙子，牠就是利用這個工具挖掘、切割，選擇牠要或不要的東西。牠弓型的前腿也是有用的工具，因為它們

非常堅固，外側還長著五個鋸齒。當牠需要使力搬動障礙物時，甲蟲就會用力舞動牠的齒狀臂膀，將前方清出一個空間，並將收集來的東西耙在一起，然後放在四隻後腿中間。牠的腳又長又細，特別是最後的那一雙，形狀有點彎曲，頂端還有利爪。聖甲蟲用牠的後腿將材料壓在身下搓著滾動，直到這些材料變成一個圓球。不到一會兒功夫，一個小丸子就滾成核桃般大小，不久後又大如梨子了。我還看過有些大胃口的，更把球做得跟拳頭一樣大。

　　圓球完成後，就要被搬運到適當的地點去了。聖甲蟲踏上旅程，用後腿抓緊球，以前腿行走，頭低低向下，屁股高高舉起向後倒退著走。牠將後面的球，左右輪替地向後推動著。我們都以為，牠會選擇一條平坦或至少不是很傾斜的路，事實不然！牠走到陡峭得幾乎難以攀爬的斜坡，這就是固執的聖甲蟲所選擇的路徑。這個球就像個巨大無比的負擔，聖甲蟲艱苦、小心地一步步往上推，但只要到達一定的高度，就總是會往後退，稍不留神就會前功盡棄，滾落的球將聖甲蟲也一併拖下去。牠會再爬上去，結果卻還是滾下來。牠這樣一次一次地向上爬，但只要一點小事故，就足以毀了牠所有的努力。一枝草根或一塊滑石，都會讓牠絆倒失足，連球帶蟲一起滾落。經過十幾二十次的努力不懈，才能得到最後的成功；聖甲蟲只有在對自己的努力完全絕望時，才肯另尋平坦的道路。

聖甲蟲偶爾會和同伴合作，這情況也很常見。當牠的球做成後，牠會將自己的球向後推離，而另一隻才開始工作的鄰居，會拋下自己的工作跑到這個滾球旁，彷彿要助球主人一臂之力。照理說，牠的協助應該會被欣然接受，但牠卻不是真正的伙伴，而是個強盜。牠明白完成自己的圓球需要耐心、吃苦，偷別人現成的東西，或吃鄰人準備好的大餐就容易多了！有的聖甲蟲會耍詭計，有的則乾脆使用暴力。

　　有時，一個盜賊從天而降，將球的主人擊倒，自己卻棲息在球上。牠將前腿交叉於胸前，準備大打一場。倘若球的主人爬起奪球，這強盜會給牠一擊，打得牠節節後退。主人再度爬起，搖著牠的球，直到球滾動了，球上的賊也許會因此跌個四腳朝天。兩隻蟲接著摔角相互拉扯、肢節交纏；甲殼相互碰擊摩擦，發出金屬相交的聲響。勝者重回球頂，敗者被驅逐幾回後，只得回去另做自己的彈丸。好幾次，我也看到第三隻甲蟲出現，搶走強盜搶來的球。

　　也有些時候，小偷會犧牲一些時間，以實現狡滑的詭計。牠假裝幫球主人搬運食物，經過滿是百里香的沙地，經過車輪印過的險峻地方，但牠卻不出什麼力，甚至只是坐在球上什麼都不做。到了適合收藏的地點，主人開始用牠的頭的銳利邊緣和鋸齒狀的腿向地下挖掘，並將沙土拋向後方，此時小偷就會攀著那個球裝死。洞穴愈挖愈深，

直到工作中的甲蟲陷到地下，看不見地面情景。即使牠偶爾到地面上觀望，看見球旁那隻甲蟲一動也不動地躺著，牠也很快就鬆懈警戒。但是，如果主人離開的時間久些，小賊就會看準機會迅速地將球推走，就像小偷怕被逮到一樣跑得飛快。假如主人抓住牠——這事常常發生，牠就會很快地變換自己的位置，動作就像是牠想防止球滾下斜坡。然後這兩隻甲蟲就會重新將球搬回去，就像什麼事都沒有發生。

假如小偷安全逃走了，主人也只好自認倒楣地擦擦自己的頰，吸了口空氣後飛去，重新開始自己的工作。我又妒又羨牠不怨天尤人的個性。

終於牠的食物平安儲藏好了，儲藏室就位在軟土掘成的淺穴裡，面積只有拳頭般大小，那裡有條短徑通往地面，寬度剛好可以容下一顆球。只要食物一推進去，牠就會用些雜物堵住門口，把自己關在裡面。圓形食物球幾乎填滿整屋子，牠的饗宴從地板堆到天花板。食物與牆壁中間只有一個窄小的通道，食物的主人——最多有兩個，通常只有一隻——就坐在中間。聖甲蟲就在地穴裡，持續一到兩星期日以繼夜的大快朵頤。

II. 梨形巢

前面提到，古埃及人認為聖甲蟲的卵在那個球裡，但

聖甲蟲

古埃及人想像這個圓球是地球的象獸，
聖甲蟲的一切動作都被宇宙星球運行所影響。
人們認為這小小的昆蟲具有豐富的天文知識，
簡直幾近神聖，所以把牠們叫做「聖甲蟲」。

經過證明，事實並非如此。有一天，我碰巧發現關於聖甲蟲卵的真相。

　　有個小牧童，他在空閒時常來當我的小幫手。在六月裡的一個星期日，他到我這裡來，手中拿著一個奇怪的東西：看起來很像是一個失去新鮮顏色，因腐朽而變成褐色的小梨子。小梨子雖非精心之選，但觸感仍很堅固，形狀也很好看。小牧童說裡面一定有個卵，因為他在掘地時，不小心將另一個同樣的梨子弄破了，在裡面藏著麥粒般大小的白卵。

　　第二天早晨，天色才亮，我們就一起出去調查這件事情。我們在新砍了樹木的山坡上會合，一群羊正在那兒吃草。不久我們找到一個聖甲蟲的地穴：從地面上一堆新鮮的泥土，我們就能辨識出來。我的同伴用小鏟子向地下努力地挖，而我就趴在地上，以便能更清楚地觀察挖出來的東西。洞穴挖開後，我在潮溼的泥土中發現一個精細的梨狀物。第一次見到母甲蟲工作的狀況，真令我難以忘懷。我興奮得不能自己，就算在挖掘古埃及遺跡時，發現一隻綠寶石雕刻成的聖甲蟲也不過如此吧。我們繼續尋找並發現了第二個洞穴。母甲蟲緊緊地抱著梨子，這是牠在離開地穴尋求食物前的最後動作。無須懷疑，這個梨狀物就是甲蟲的小窩。在那個夏天，我至少發現了一百個這樣的巢。

　　這梨狀的東西，是用野地裡的廢棄物所做成的，只是

梨狀物的原料比較精細，因為它是要給幼蟲做為食物的。幼蟲剛從卵裡孵出來時，還無法自尋食物，所以母親就將牠裹在最適宜的食物當中，讓牠不費吹灰之力地就地取食。

卵置於梨狀物狹窄的一端。無論動物或植物，每個生命的初始，都需要空氣：即使是鳥的蛋殼上，也布滿了無數的小氣孔。倘若聖甲蟲的卵包在梨狀物的最厚處，那肯定會被悶死，因為裡面的材料緊實，外層甚至還有硬殼。所以母甲蟲一開始就準備了精巧透氣、牆壁單薄的房間給幼蟲居住。從前端甚至到中間地帶都有著空氣，雖然還不夠小幼蟲所需，但隨著幼蟲一直啃食到梨中央時，牠已變得十分強壯，也漸漸能夠適應稀薄的空氣了。

在梨寬廣的一頭裹著一層硬殼也是有道理的。聖甲蟲的地穴溫度很高，有時甚至達到沸點。就算只經過三、四個星期，幼蟲的食物也會變得乾燥無法食用。如果第一餐的食物硬得像石頭，而不是柔軟的饗宴，可憐的幼蟲就會因為沒東西吃而餓死。八月時，可憐的小蟲悶死在封閉的爐內，我找到許多這樣的犧牲者。為了減少這樣的危險，母甲蟲會用牠強壯扁平的前臂壓住梨子外層，直到形成一層如堅果般硬亮的保護外層，好抵抗外面的熱度。就像在炎夏裡，家庭主婦為了保持麵包的新鮮度，而將它放在緊閉的平底鍋裡一樣，昆蟲也有自己的方法達到同樣的功效，用壓力打造一只鍋，好保存家族的食物。

我曾觀察在巢裡工作的聖甲蟲，由此我知道牠如何建造梨形的巢。牠會帶著收集來的材料，將自己關閉在地下，專心一意地做著手邊的工作。材料大概以兩種方式收集而來：一是在天然的環境裡，用慣常的手法搓成一個球，再將它推到適當的地點。隨著球轉動前進，它的表面也跟著愈來愈堅硬，同時也會黏上一些沙土，這對後來的建造很有幫助。

　　另外，聖甲蟲偶爾會在收集材料不遠的地方，找到可供儲藏的場所，牠只要將材料運送到洞穴裡就好。不過，接下來的工作卻是引人注目的。某天，我看到一塊不成型的東西隱沒在地穴裡。隔天，我看到這個藝術家正在牠的工廠裡，將那塊不成型的材料改造成一個梨子，它的外型完備而且精巧。緊貼著地面的部分已經覆上沙子，剩下的部分也打磨得像玻璃一樣光滑，這顯示牠雖然沒將梨子仔細地滾過，卻在那個地方將它雕塑完成。牠用自己寬大的腳輕拍材料加以塑造，成品就跟在陽光下做的球一樣。

　　我在自己的工坊裡，用寬口玻璃瓶裝滿泥土，為母甲蟲做好人工地穴，並留下一個小孔觀察牠的行動，所以我能看到牠工作時的各種步驟。

　　聖甲蟲一開始做出一個完整的球，然後繞著球做一道圓環，對其施加壓力直到形成一道溝，進而成為一個頸狀。如此，球的一端就會隆起，在隆起部分的中央，再度施加

壓力，就完成了如同火山口的凹穴。它的邊緣很厚，但隨著凹穴漸深，邊緣的厚度就變薄，直到形成一個袋狀。袋子內部磨光後，牠就將卵產在裡面。袋子的尾端再用絲狀的纖維物堵起來。

堵著纖維塞子是有用意的，除了這裡外，梨子的其他部分，聖甲蟲都用腳重重地拍打過。因為卵的尾端對著封口，如果塞子受到壓力擠壓進去，幼蟲就遭殃了。所以母甲蟲只把封口塞住，卻不會將塞子硬壓下去。

Ⅲ. 甲蟲的成長

產卵後的七到十天，幼蟲就會孵化出來了，並且毫不遲疑地開始吃起房子。幼蟲非常聰明，總是從最厚的那面牆開始吃起，避免吃出任何一個小洞，將自己從梨子裡摔出來。不久幼蟲變得又胖又醜，背部隆起而且是透明的，假如我們拿著牠朝著光看，還能看到牠內部的器官。如果古埃及人曾經看過尚未發育完成的肥白幼蟲，絕不敢相信牠最後會變成莊嚴美麗的聖甲蟲。

第一次脫皮後，這隻小昆蟲還沒長成成蟲，但牠甲蟲的形狀已經可以辨認出來。很少有昆蟲比牠更美麗的了，牠的一雙翼匣收合在中央，就像是折起的領巾；前肢折在頭下。半透明的金黃色就像是蜂蜜一樣，彷彿是用琥珀雕成一般。這個型態大概會維持四個星期左右，接著又會再

度脫皮。

此時牠的顏色是紅白色，在變成檀木黑之前，還得再脫幾次殼。隨著外表愈黑，軀體也會愈硬，直到穿上角質的盔甲，才算是隻發育完整的甲蟲。

這段時間，牠都在地穴裡的梨裡，渴望著衝破硬殼覆裹的監牢，迎向陽光。但能否成功，還得視環境而定。

八月是牠準備解放的時期。通常，八月是一年之中最乾燥炎熱的月份，假如沒有雨水使泥土鬆軟，單靠昆蟲自己的力量，是無法衝出硬殼，粉碎牆壁的。再柔軟的材料，在這樣的天氣裡，也會成為銅牆鐵壁，在夏季烤爐裡成為磚塊。

我曾拿即將脫殼而出的昆蟲做過實驗，將一些乾硬的殼放在盒子裡持續保持乾燥，不久就會聽到殼裡有尖銳的摩擦聲，這是囚徒們以頭和前足耙刮著牆壁的聲音。過了兩、三天，似乎沒什麼進展。於是我用小刀，幫其中的兩隻開了兩個牆眼，但牠們也沒有更進一步的發展。

不到兩星期，殼內完全寂靜，這些耗盡力氣的囚犯全死了。

後來我又拿了些別的殼，和之前的一樣堅硬，用溼布包裹起來，放在瓶子裡塞上木塞，等溼氣滲透硬殼才將溼布拿開。這次實驗非常成功，當殼潮溼變軟後，裡面的囚徒就得以衝破而出。牠們勇敢地以腿支持著身體，將背部

當成槓桿，設定一個點衝撞，直到牆壁碎裂。每次做這種實驗的時候，聖甲蟲都得以破殼而出。

在天然環境下，甲殼動物在地下的情況也是一樣。當土壤被八月的太陽烤得像硬磚塊，這些昆蟲想逃出牢獄就絕無可能。但偶然的一陣雨，硬殼變溼軟後，牠們再以腿掙脫，用臀部推撞，就能得到自由。

剛從硬殼出來時，牠並不關心食物，只想好好享受日光，在陽光裡紋風不動地取暖。

不多久，等牠想吃東西了，完全無須教導就能像牠的前輩一樣開始工作，為自己做一個食物球，挖一個地穴儲藏食物。完全不須學習，就能本能地精熟自己的工作。

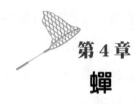

第4章
蟬

I. 蟬與蟻

　　我們多數人對蟬的聲音並不熟悉。因為牠只生長在有橄欖樹的地方。讀過拉封丹（La Fontaine）寓言的人，應該都記得蟬曾被螞蟻責罵的故事吧！雖然拉封丹並不是第一個提及這個故事的人。

　　故事是這麼說的，整個夏天當螞蟻忙著儲藏食物時，蟬卻只是無所事事地唱著歌。等到冬天來臨，蟬飢餓地來到鄰居家借些食物，卻受到不仁慈的對待。

　　「你怎麼不利用夏天收集食物？」勤奮的螞蟻問道。「整個夏天，我都忙著唱歌啊！」蟬說。螞蟻不友善地回答：「唱歌？好吧！那你現在可以跳舞囉。」然後就轉身不理這位乞討的客人了。

　　這個寓言裡所提到的昆蟲應該不是蟬。顯然地，拉封丹所想的應該是蚱蜢，只是英文常將法文的蚱蜢翻譯為蟬。

　　在我們的村莊裡，沒有一個農夫會毫無常識地以為冬天還會有蟬。幾乎每個農人都很熟悉這種昆蟲的幼蟲。當

法布爾昆蟲記

天氣漸冷時，他們用鏟子翻起橄欖樹根旁的泥土，就能看見這些幼蟲從自己挖掘的洞穴中爬出來，緊抓住樹枝，後背開了一條裂縫，然後脫去外殼蛻化成蟬。

這寓言對蟬來說實在是個誹謗，雖然牠常常引起鄰居的注意，但牠並不是乞丐。每年夏天，牠們成群來到我家門外，集中在兩棵油綠的懸鈴木（Plantree）上，從早到晚發出尖銳刺耳的樂聲，真是讓我頭痛！這種震耳欲聾的音樂會，持續不斷的鼓譟聲，簡直讓人無法思考。

蟬有時的確會和螞蟻打交道，但牠們的關係卻和寓言內的敘述完全相反。蟬從來不靠他人生活，也從不在螞蟻家的門前喊餓。反而是螞蟻會因為飢餓而乞求於這位歌手。與其說是乞求，還不說是厚著臉皮地強奪。蟬抓著樹枝不停地歌唱，只要用吻突—— 一支精緻尖銳的吸管，穿過堅固平滑的樹皮，就可以暢飲樹皮裡的汁液。

如果多觀察一會兒，或許還會看到牠遭遇意外的騷擾。因為鄰近有許多口渴的昆蟲，會立刻發現蟬穿刺的洞裡所流出來的汁液，然後安靜小心地靠過去舔食，我就看過黃蜂、蒼蠅、花潛金龜子等昆蟲，其中當然也有螞蟻。

比較小隻的昆蟲為了到達那個洞，會從蟬的身子底下偷偷爬過去，蟬卻很大方的抬高身子，讓牠們通過；大一點的昆蟲，只要搶到一口，就會急忙撤退，跑到附近的樹枝上，當牠們再次回來，卻比之前更加大膽，想將蟬從牠

挖的井上驅逐。

最壞的侵犯者就是螞蟻了。我看過牠們緊咬著蟬的腿尖，拖住牠的翅膀，爬上牠的背。有次，我還看過一個大膽的匪徒，抓住蟬的吸管並試著要將牠拉出來。

最後，直到忍無可忍，這個歌手乾脆就捨棄牠所穿鑿的井。螞蟻於是得到牠覬覦的目標。牠很快就會離開這個泉湧，因為這口井乾得很快，當牠們喝完裡面所有的漿液後，就會等待機會搶劫另一口井再次暢飲。

所以，事實是與拉封丹的寓言相反的。螞蟻是頑強的乞丐，蟬才是辛勤的工作者。

Ⅱ. 蟬的地穴

我有個很不錯的環境可以研究蟬的生態，因為我就和牠們生活在一起。七月來臨時，蟬就開始占據我家門前的樹木；我仍然是屋內的主人，在戶外，牠卻是最高的統治者，但牠的國度卻是不怎麼寧靜的。

仲夏時，第一隻蟬出現了。在陽光曬烤、久經踐踏的小路上，我看到地面上有些拇指般大小的圓孔。蟬的幼蟲就是通過這些圓孔爬出地面，蛻化為成蟬的。牠們喜歡乾燥、日曬充足的地方，這些幼蟲有一種很有用的工具，能刺穿太陽烤過的泥土及砂石。而那泥土之堅硬，使得我在檢視牠們遺留的地穴時，還必須以斧頭挖掘。

最讓人好奇的應該就是在這直徑約一英吋大小的圓洞旁，竟然沒有一點挖掘後堆棄的泥土。大多數掘洞的昆蟲，比方金龜子，在牠的地穴旁總有一座土堆。這種差別是因為牠們兩者的工作方法不同。金龜子是由地面開始挖掘，所以會將掘出的廢料堆在地面；而蟬的幼蟲卻是由地下往上挖，開闢門道是牠最後一件工作。由於門檻還沒動工，當然不會有垃圾堆積。

蟬的地穴深約十五、六英吋，通道暢通，洞的盡頭是個更為寬廣的空間，既然如此，做隧道的廢土都到哪裡去了呢？當幼蟲用牠的爪子爬上爬下的時候，牆壁怎麼不會崩塌堵住自己的住所呢？

其實牠的行徑，就像是礦工或是鐵路工程師一樣。礦工用木梁支持了隧道；鐵路工程師利用磚牆堅固地道。蟬就像他們一樣聰明，牠的身體裡有一種黏液，就像是牠的水泥一樣。蟬的地穴通常築在植物的根鬚上，從這些植物的根鬚，蟬隨時可以補充牠的汁液。

對蟬來說，能隨心所欲在穴道攀爬上下是很重要的，因為當牠可以出去接受日光洗禮的日子到來時，牠得先知道外面的天氣如何。為此，牠必須工作數個星期甚至數個月，打通牆壁堅固的隧道。在隧道頂端，牠預留了一根手指厚的泥土，好抵抗外面氣候的變化。天氣稍有好預兆時，牠就會爬上去，利用頂部的薄蓋子調查外面的情形。

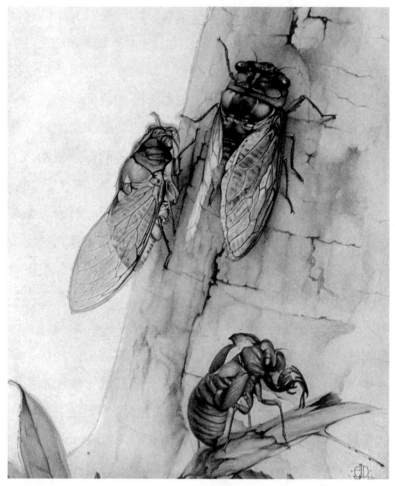

蟬

在酷熱的七月，當所有的昆蟲為口渴所苦，
失望地在枯萎的花朵上尋求解渴之道時，
蟬卻仍舊興高采烈，精神奕奕。

如果牠預測外面有風暴或者下雨，牠就會謹慎地溜回舒適的地穴底部，因為惡劣的天氣對一隻因脫皮而變得纖弱的幼蟲影響很大。倘若天氣溫暖，牠就會用爪子擊碎天花板爬出地面。

在牠臃腫的身體裡，有一種汁液，可以防止牠沾染地穴裡的塵土。當牠挖掘泥土時，會將汁液噴在泥土裡混成泥漿。牆壁因而更加柔軟了，幼蟲於是將爛泥擠進土壤的細縫裡，再用自己的身體將其壓緊。這就是為什麼當我們看到牠在地面出現時，身上常有潮溼汙點的原因了。

當蟬的幼蟲初次出現地面時，牠會在附近徘徊尋找適合的地點 —— 一棵小矮樹、一叢百里香、一片野草葉，或一枝灌木枝 —— 好讓牠蛻去身上的皮。一旦找到適當的地點，牠就會爬上去用前腳一動也不動地緊緊抓住。

牠的外皮開始從背的中間裂開，我們可以看見淡綠色的蟬就在裡面。頭也跟著出來了，然後是牠的吻突和前腳，最後就是後腳和皺褶的翅膀。除了末端的部分，牠的整個身體已經全然蛻出了。

接著牠表演著一種令人驚嘆的體操。牠騰在半空中，只用一個小小的點與舊殼連繫；牠開始翻轉直到頭向下，皺褶的翅膀開始向外竭力伸展開張。緊接著用一種肉眼難以觀察的動作，全力將身體往上翻，並用前腳搆住牠的空殼。這個動作讓牠的身體從自己的殼鞘中完全解脫。整個

過程約歷時半個鐘頭。

　　剛解放的蟬起初還不是很強壯，牠必須接受日光及空氣的洗禮，直到擁有精力與美麗的顏色。牠只用前爪捉住舊軀殼，在微風中搖擺看起來相當脆弱，牠那時仍是淡青色的。直到出現棕色調才算是正常了。假使牠在九點半占領了樹枝，約在十二點半才會留下空殼飛離。有時這空殼會在樹枝掛上一兩個月。

Ⅲ. 蟬的樂音

　　蟬的歌聲似乎是為自己而唱的。牠翅膀後的空腔裡，有一種像鈸的樂器，對此還不滿足似的，為了使聲音更有威力，牠還在胸前裝上響板。有一種蟬，為了演奏音樂，的確付出相當大的代價。由於身上巨大的響板，使得器官必須緊壓在身體的小角落裡。可以確定的，蟬當然是非常熱心於音樂的，否則也不會漠視自己的器官，而選擇騰出空位在身體裡裝上樂箱。

　　可惜，牠所深愛的樂曲卻不能讓人有所共鳴。我也尚未發現牠的主要目的是什麼？有人曾說，牠是在呼喚自己的同伴；但事實卻不盡然如此。蟬介入我的生活領域已有十五年之久。每年夏天，將近兩個月的時間，我總會看到牠們的身影，聽到牠們的樂音。我看到牠們在懸鈴木上成行排列，並肩而坐。牠們動也不動地將吻突插在樹皮裡狂

飲，隨著陽光的轉移，牠們也會沿著樹枝慢慢地傾斜轉動，找尋並跟隨著最溫暖的地方。但無論是飲水或移動，牠們從未停止歌唱。

如此看來，牠們也不是在呼喊同伴。誰會連續花上幾個月的時間，大聲呼叫就在身邊的人？

照我想來，蟬可能也不曾聽到自己興高采烈的歌聲吧，牠只是想用這種持續不斷的方式，將音樂強行加諸於他人。

蟬有清楚的視覺，牠的五個眼睛可以看到四面八方，只要看到有東西靠近，牠就會立刻默聲飛去。但噪音卻不會擾亂牠，儘管你站在牠後面說話、吹口哨、拍手或撞擊石頭，牠也渾然不知。而鳥就不一樣了，只要聽到微弱的聲音，就算沒有看到人，也會驚慌飛逃。沉著的蟬卻繼續著喧鬧，彷彿無物在旁。

在一次偶然的機會裡，我借來兩支喜慶用的火砲，並在裡面裝滿火藥，將它們放在門外懸鈴木下。為了避免房子的玻璃被震碎，我還將門戶大開。樹枝上的蟬當然不知道樹下發生了什麼事。我們六個人熱切地等著，想看看巨聲會對樹上的樂隊造成什麼影響。槍一放出去，砰一聲震天價響，卻完全影響不了牠們的歌唱。牠們一點也不慌亂，樂聲的質與量絲毫沒有改變，即使第二聲槍響也一樣。

經過這次經驗，我們確定蟬是沒有聽覺的。牠對自己所發出的喧鬧聲完全沒有感覺。

IV. 蟬卵

　　蟬通常喜歡在乾細的樹枝上產卵。牠們會選擇非常細小而且向上翹的枯枝，當牠發現適合的樹枝時，就會用胸前尖銳的工具刺一排小孔，並把纖維撕裂微微挑起。如果在不被打擾的情況下，牠通常會在一根枯枝上刺上三、四十個洞。蟬就產卵在這些洞中，每個巢穴都是一條狹窄傾斜的通道。每個小穴大約都有十個卵，所以一次產卵數大約是三、四百個。

　　對昆蟲來說，有這樣的成員數目的確是個大家庭。蟬為了應付一些特殊的危機，必須產下大量的卵，以備在卵被摧毀之際，還能有所剩餘。多次觀察後，我發現了牠們所面對的危機是一種極小的蚋，蟬跟這種蚋比起來，簡直是龐然大物。這種蚋和蟬一樣都有著鑽洞的工具，只是牠的工具是位在身體下方中間處，伸出來時與身體成直角。只要蟬一下卵，這種蚋就會摧毀牠們。牠們真是蟬家族的禍根。雖然蟬只要一踏，就足以踩扁牠們，牠們卻非常鎮定，肆無忌憚地出現在龐然大物之前。我還曾經看過三隻蚋，企圖同時掠奪一隻可憐的蟬。

　　蟬一裝滿整穴的卵，就會到高一點的地方另造新穴。牠前腳一離開，蚋就後腳跟著過來，雖然身處蟬的腳力威脅下，蚋仍然鎮定無畏，就好像在自己的家裡一樣。牠們在蟬卵上產下自己的卵魚目混珠。當蟬飛走時，大多數的

穴裡都已經有了陌生人的卵了，這些卵還可能將蟬毀滅。蚋的卵很快就孵化完成，每個穴裡雖然只有一隻，卻都以蟬的卵為食，最後取代蟬的家族。

幾個世紀的經驗累積，可憐的雌蟬卻仍一無所知。牠們大而出色的眼睛，並非看不到可怕的敵人就環伺身邊，但牠卻仍然無動於衷，讓自己成了受害者。牠可以輕而易舉地壓碎這些小東西，但牠卻無能改變自己的天性，將自己的家人從毀滅中拯救而出。

透過放大鏡，我看到蟬卵的孵化過程。幼蟲剛出現的時候，看起來很像一隻有著黑眼睛的小魚，身下有種鰭狀物，是由兩隻前腳連結而成。這種鰭有運動的力量，能幫助幼蟲從牠的殼裡爬出來，但最困難的也最主要的，是幫助牠離開有纖維的樹莖。

魚型幼蟲一旦離開樹穴，就會脫去自己的皮。脫下的皮會形成一種線，藉此，幼蟲可以將自己繫在樹枝或樹幹上。在掉到地面前，牠可以一直在這裡伸展身體做日光浴，試試自己的力量，或者懶洋洋地在線索的一端搖搖盪盪。

接著牠揮動自己已經自由了的觸角，舒暢腳的關節，前爪張合自如。我看過的昆蟲中，沒有比這個更奇怪的了，牠將身體懸掛於空中搖晃不定，並在空氣中翻筋斗迎接這個世界。

不久後，牠還是掉到地上了。這個比跳蚤小的生物，

經由搖擺牠的繩索，將自己柔軟的身體從硬土中解救出來。空氣就像是豪華的羽絨，牠的身體因為沐浴其中而變得更加堅強，以準備投身現實的生活。

這時，在地面前困難重重，只要有一點風，就能將牠吹到硬石頭上、車轍裡凝滯不動的水中、或不毛的黃沙土上，也可能是堅硬得無法穿透的黏土上。

這弱小的生物迫切地需要遮蔽，因而必須立即鑽到地底尋找藏身之處。天氣越來越冷，牠只要稍有遲緩就會面臨死亡的危險。牠必須四處尋找適合的軟土，當然，有很多幼蟲在找到安居處之前就不幸陣亡。

當牠總算發現適合的地點時，牠會立即用前腳的鉤子挖土。經由放大鏡，我看到牠揮動著斧頭，掘出泥土置於地面。幾分鐘後，一個穴井就造成了，這個小生物爬下這口井，並將自己掩埋後就消失了。

未成熟的蟬在地底的生活仍是個謎，不過我們知道，在牠們變為成蟲來到地面的時間大概需要四年；然而，牠們在陽光下歌唱的時間卻只有五個星期。

四年黑暗的地底生活，以及一個月陽光下的享樂，這就是蟬的一生。我或許不該責難牠那喧鬧的凱歌，因為經過四年的地底掘土生涯，一旦穿起錦繡的衣裳，長起可與鳥兒媲美的羽翼，沐浴在溫暖的陽光下時，還有什麼樣的鈸聲，可以慶祝牠得來不易而且短暫的喜悅呢？

第 5 章
祈願的螳螂

I. 狩獵

　　有一種生長在南方的昆蟲也和蟬一樣的有趣，卻不如蟬有名，因為牠發不出聲音。如果牠也被賦予鈸，名聲肯定會超越那個愛熱鬧的音樂家，因為牠的身型和習性都很不尋常。

　　在古希臘時期，這種昆蟲被稱為螳螂（Mantis）或先知（Prophet）。農人們看到牠半身直立，莊嚴雄偉地站在陽光下的青草上，綠色的雙翅拖曳著，就像是戴著長面紗；牠的前腳像是一雙臂膀，高舉在空中如同祈願一般。從當時農人眼裡看來，牠就像是個祭司或女尼，所以後來的人都稱牠是祈願的螳螂。

　　這是有史以來最大的錯誤，這種虔信的氛圍都是捏造的，這雙在半空中禱告的臂膀，其實就是最厲害的武器，可以用來屠殺任何經過牠身邊的東西。螳螂兇惡如虎，殘酷如魔，而且只吃活生生的動物。

　　牠的外表看來卻一點也不可怕。牠細瘦優雅的外型，

淡綠的色澤，還有輕薄如紗的長翼，看起來其實還挺漂亮的。牠還有個伸縮自如的頸子，讓牠可以隨心所欲地轉到任何方向。牠是唯一一種能這麼做的昆蟲，我們可以說，螳螂具有一張全方位的臉。

螳螂看來和平優雅的身體，和殺人機器般的前肢形成了強烈的對比。牠的腰長而有力，長著兩排鋒利鋸齒的腿更是修長。在這些鋸齒之後，有三個刺狀物。總之，牠的大腿就像有兩面刀刃的鋸子，折疊起來時，就放在腿中間。

小腿也和大腿一樣，只是小腿上的鋸齒比大腿上的多，末端還有尖銳如針的硬鉤和一雙利刃，就像是彎曲的修枝剪。我對這硬鉤有著許多痛苦的回憶。有好幾次，當我被螳螂發狠抓住時，還得要求其他人幫我鬆開。在這個地方，沒有任何昆蟲比螳螂更難纏的。牠用鐮鉤夾人，用鋸齒刺人；如果想活逮牠，牠更是防禦性十足，讓人招架不住。

平常休息時，牠將自己的捕捉器縮在胸後，看來沒有絲毫傷害性的樣子，的確像極了正在禱告的昆蟲。可是只要有獵物通過，祈禱者的真面目就會原形畢露。捕捉器的三截頓時展開來，受害者被抓到利鉤之下，壓在兩把鋸子中間。只要牠一將鉗子夾緊，一切就完了，就連蝗蟲、蚱蜢甚至其他更強壯的昆蟲，遇到這四排鋸齒也都束手無策。

要在野地裡研究螳螂的習性幾乎是不可能的，我只好將牠捉到室內來研究。只要給牠很多新鮮的食物，牠就能

在一個裝滿沙土、以紗網遮蓋的盆子裡快樂地生活。為了要試驗牠的氣力和膽量，我供應牠一些活的蝗蟲、蚱蜢和一些大蜘蛛當鄰居。

　　我看到一隻不知危險的灰色蝗蟲，直直向螳螂走去。螳螂突然抖了一下，瞬間做出一個非常駭人的姿態，這舉動不僅令蝗蟲充滿恐懼，即使任何人看到牠的樣子也要吃驚的。牠的翅蓋展開，翅膀大大地張開，豎在背上像是一張船帆；上半部身體彎曲，就像一根起落不定的彎曲柺杖，更會發出毒蛇般吐信的聲音。牠將全身的重量放在四隻後腳上，身體的前半部完全豎立起來，鐮刀般的前臂張開來，並露出裡面黑白的斑點。

　　螳螂就以這種奇怪的姿勢一動也不動地站著，眼睛直直盯著牠的俘虜。只要蝗蟲一有動靜，螳螂就會跟著轉動牠的頭。牠的目的再清楚不過了，就是要將恐懼感深植受害者的心坎，在發動攻擊前用害怕麻痺對方，就好像扮鬼嚇人一樣。

　　這招計策果然奏效。蝗蟲彷彿看到妖怪一樣動也不動地瞪著螳螂看。牠原本應該是善於跳躍的，現在卻連逃跑都不敢嘗試了，只是呆呆地站在原地，甚至還更向螳螂靠近。

　　當距離夠近的時候，螳螂就用牠的兩爪重擊；用牠的兩把鋸子緊緊將對手勒住，可憐的蝗蟲就無力抵抗了。殘忍的惡魔此時就可以開始享受牠的饗宴了。

蜘蛛為了毒昏對手，使其失去抵抗力，會先猛刺對方的頸子。螳螂也是用同樣的方式攻擊蝗蟲。牠先在蝗蟲的頸部重擊，摧毀牠頭部的移動能力。這使牠可以殺死或吃下一隻和牠一樣大，甚至比牠還大的昆蟲。這隻貪婪的生物竟然可以吃得下那麼多真是令人驚訝。

掘地黃蜂經常受到螳螂的拜訪。螳螂常守在牠們的地穴附近，抓住黃蜂和牠所帶回來的獵物，等待一箭雙鵰的良機。有時等了好久也等不到，因為黃蜂也會起疑心而有所防備，但偶爾仍會讓螳螂抓到一個粗心的傢伙。螳螂突然將雙翼震得沙沙響，將這個新手嚇得呆呆愣住，然後趁其不備猛然一撲，就將牠逮進自己的捕捉器中，這個受害者就這樣被一口一地吃下去了。

有一回，我看到一隻吃蜜蜂的黃蜂，正帶著一隻蜜蜂回到牠的儲藏室，卻被螳螂攻擊捉住了。黃蜂當時正在大啖蜜蜂嗉囊裡的蜂蜜，螳螂的雙鋸緊緊地鉗住黃蜂，儘管害怕痛苦，也不能迫使貪吃的黃蜂停止吃東西。當牠自己被吞食之時，卻仍貪心地繼續吸食蜜蜂的蜜漿。

螳螂的食物並不僅限於其他昆蟲，雖然牠的氣宇神聖，卻是個不折不扣的同類相食者。牠吞食自己的同類時如此平靜，就像是吃蚱蜢一樣；其他圍在旁邊看的，也完全不反抗，等待著機會做出同樣的事來。牠甚至還有吃自己伴侶的習慣（尤其是雌性），將對方的頭咬住，一口口品嚐，

直到剩下一雙翅膀。

　　牠比狼還兇狠，據說狼從不吃同類的。

II. 螳螂的巢

　　話說回來，螳螂也有牠的優點。牠能做出令人驚嘆的巢穴。

　　在有陽光的地方，隨處都會發現牠的巢：石塊、木頭、葡萄藤、樹枝、枯草上，甚至在磚頭、一條破布或舊皮鞋的皮革上，任何表面凹凸，可以作為堅固基礎的東西，都會被牠所利用。

　　螳螂巢的大小約一到二英吋長，寬不到一英吋，呈金黃色，由沫狀物質所構成，隨之會變成固體並且堅硬，燒起來的味道就像是絲一樣。螳螂巢會根據所附著的地點有不同的形狀，但表面總是凸起的。整個巢大約分為三部分，中間部分是由片狀物構成，像屋瓦一樣重疊雙行排列。片狀物的邊緣都不規則，排列後形成了兩行像是走道的裂縫，小螳螂孵化後就是從這裡跑出來的。其牠部分的牆，則完全無法穿過。

　　卵是一層層排列著的，所有卵的尖端都是向著門口。其中一半幼蟲會從剛剛提過的兩行走道的右邊出來，另一半則從左邊。

　　特別要注意的是：母螳螂在建造這精巧的巢時，正一

螳螂 ————————————————————

牠的前腳像是一雙臂膀,高舉在空中如同祈願一般。
從當時農人眼裡看來,牠就像是個祭司或女尼,
所以後來的人都叫牠是祈願的螳螂。

面產卵。牠的身體會排出一種和毛蟲絲液相仿的黏質，一旦和空氣混合後就會變成泡沫。牠用身體頂端的兩支小杓，將黏質打成泡沫，就如同我們打蛋白一樣。這種泡沫呈灰白色，看來和肥皂沫差不多，剛開始黏黏的，幾分鐘後就會凝成固體。螳螂就是在豐富的泡沫中產卵，每產一層卵就蓋上一層泡沫，泡沫不久就會變成固體。

在新巢兩個出口地帶，螳螂會用一層多孔、純淨無光澤的粉狀材料封住，這種材料和螳螂巢其他部分的灰白色完全相反，就好像是麵包師傅將蛋白、糖、澱粉混合後，用來裝飾蛋糕的材料一樣。這種雪白的外蓋很容易會碎掉或脫落。當它脫落時，就能很清楚看到窠巢的出口地帶以及那兩行片狀物。不久風雨就會將外蓋侵蝕成碎片脫落，所以舊巢上看不出蓋子的痕跡。

這兩種材料看似不同，其實都是同樣的原料所做成。螳螂用牠的杓子掃過泡沫表面，撇起它的表面，將它做成一條帶狀物好裹在窠巢的背面。這條看起來像糖霜的帶子，其實只是泡沫上最輕最薄的部分，因而看起來更白些。這只是因為它的泡沫比較精緻，光的反射力比較強而已。

螳螂真是部奇妙的機器，可以迅速地做出角質物，並將第一批卵產在上面。牠還能做出保護卵的泡沫和糖霜般的遮蓋物，並同時造出重疊的片狀物和通行小路。在做這些事時，螳螂卻動也不動地站在巢穴的基石上，也不看看

自己身後已經造好的建築物。對於這件事，牠的腳完全沒幫上忙。

母螳螂一完成工作後就離開了，我期望牠能回來對這些搖籃中的孩子施展溫情，但是事實證明，牠此後就不再關心牠們了。

我覺得螳螂是沒有感情的，牠不但吞噬伴侶，還拋棄子女。

Ⅲ. 螳螂卵的孵化

螳螂卵通常都是在太陽光下孵化，約在六月中旬的上午十點鐘左右。剛剛說過，螳螂巢只有一部份可以做幼蟲的出路，也就是繞著中央有一帶鱗片的地方。每個鱗狀物下方，慢慢地可以看見一個略帶透明的小塊，上面還有兩個大黑點，那就是小螳螂的眼睛。小螳螂緩緩地在鱗片下滑動，漸漸地快要可以出來了。牠的顏色是黃紅色的，而且有個厚大的頭。透過牠外面的膚膜，可以清楚辨識牠的大眼，嘴貼在胸部，腿則貼著腹部。

為了方便與安全，小螳螂剛到世界上來時，和蟬一樣也穿著外套。牠從窠中狹小彎曲的小路出來，要將腳完全伸展開來也不大可能，因為牠的高蹺、長矛和靈敏的觸鬚都會阻礙牠的去路，讓牠無法出來。所以當這些幼蟲出現時，身上都裹著襁褓，像是隻小船似的。

當螳螂幼蟲從薄片下露臉時，牠的頭逐漸變大，直到看起來像顆小水泡。小螳螂不斷地一推一縮努力解放自己，每做一次動作，牠的頭就會大一點。當牠上胸部的外皮破裂時，牠就會更加努力擺動，想脫去牠的外套。等到最後腳和觸鬚都跑出來了，再搖幾下就能完成整個過程了。

看到上百隻小螳螂傾巢而出的情形，的確令人感到震撼！在其他同伴一窩蜂出現前，我們很少看到單獨一隻小螳螂露出牠的黑色大眼。牠們就像相互傳遞訊號一樣，快速地一起孵化了！幾乎就在一瞬間，巢的中間擠滿了熱烈爬動著、企圖脫去外衣的小螳螂，緊接著牠們不是跌落，就是爬到附近的樹葉上。幾天後，另一群幼蟲又出現了，如此一再反覆，直到所有的卵都孵化了為止。

哎！這些小蟲來到的是一個充滿危險的世界。有好幾次，我在門外的圍牆內和溫室的角落看到牠們的孵化，我希望自己能好好地保護牠們。然而，至少二十次，我看到這些小螳螂慘遭屠殺。螳螂雖然產了許多卵，但那些數量對在旁邊等著牠們孵化的屠殺者來說永遠都不夠。

螞蟻是牠們最大的敵人。每天都可以看到牠們來到螳螂的巢邊，即使我出手干涉也徒勞無功，因為螞蟻總是比我技高一籌。螞蟻大軍很少能成功地進入小螳螂的巢，因為四周的硬牆就像城堡一樣，所以牠們只好在外等著獵物出現了。

一旦小螳螂出現，就會被螞蟻大軍給捉住，拉開牠們的小外衣，並將牠們撕成碎片。小螳螂只會搖動身體保護自己，和這群兇惡的強盜做臨死前的掙扎。須臾間，一場屠殺結束了，這個食指浩繁的家族，卻剩下幾隻幸運逃生。

這是件很神奇的事，昆蟲中最殘暴的螳螂，在牠們生命的最初階段，竟被最小的螞蟻所吃。但這樣的危險時刻沒有持續很久，幼蟲與新鮮空氣接觸後不久，身體就能變得強壯。牠們在蟻群中快速通過，所到之處總是令螞蟻無法招架，當然也不敢再繼續攻擊牠了。牠將前臂放在胸前自我防備，高傲的態度嚇倒了眼前的敵人。

但螳螂也有不易被嚇退的敵人，那就是喜歡在陽光下出現的灰蜥蜴，對於小螳螂恫嚇的模樣，牠可是一點也不在乎。牠用舌尖舔起一隻隻逃出螞蟻兵團的幼蟲，雖然一次一隻塞不滿嘴，但從蜥蜴滿足的表情看來，可以想見螳螂的味道是很不錯的。

此外，在卵尚未孵化前，牠們就已經身處危機之中了。有種隨身帶著刺針的小野蜂，牠可以刺透泡沫已經硬化的螳螂巢。這些外來的客人會將自己的卵產在螳螂巢中，而且牠們的卵所需的孵化時間也比螳螂的卵來得短，所以螳螂的卵就會被這侵略者所吞食。就算螳螂產了一千個卵，能倖免於難的也寥寥可數。

螳螂吃蝗蟲，螞蟻吃螳螂，鶒鵊（Wryneck）吃螞蟻；

到了秋天，鵪鶉因為吃了許多蟻類而變肥，人類又吃了牠。這樣的食物鏈，給了我們人類一些思考的面向。世界是個無止盡的循環，萬事都是息息相關的，有起就有滅，有生就有死。

長久以來，人們就以迷信敬畏的態度看待螳螂。在普羅旺斯，人們以為螳螂的巢是治療凍瘡的良藥。當地人將它劈成兩半，擠出漿汁滴在痛處，農夫們都說這種療法很具神效，可我自己卻覺得沒多大用處。

也有人誇說螳螂巢治療牙痛立即見效，所以婦女們在月夜裡收集螳螂巢，小心地將它們收放在碗櫃的角落或袋子裡。只要鄰居有人被牙痛所折磨時，就會跑來借用。人們稱牠為「提格奴（Tigno）」。

因牙痛而腫了臉頰的病人說：「借我些提格奴吧，我好痛啊！」

對方就會慎重地回應：「千萬別弄丟了啊，我只剩這個了，況且現在也不是有月亮的好日子啊！」

農人這種單純的心理是能被理解的，十六世紀一個心理醫生，他同時也是個科學家，就舉了一個例子說明：在那個時候，如果孩子在鄉間迷路了，他可以請螳螂指引方向。這位醫生還說，「螳螂會伸出牠的一隻臂膀，指點孩子正確的路，而且很少甚至從來不會失誤。」

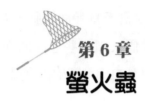

第 6 章
螢火蟲

I. 螢火蟲的外科工具

　　螢火蟲在昆蟲界算是挺出名的。這個奇特的小東西，在尾端掛了只小燈籠，以慶祝生命的喜悅！就算你沒見過牠像顆閃亮隕石般在青草中漫遊，至少也都聽過牠的大名。古希臘人叫牠亮尾巴，科學家則給牠一個名字，叫「藍玻瑞絲（Lampyris）」。

　　事實上螢火蟲不是蠕蟲（worm），外觀上看來也不像。螢火蟲有六隻短足，也知道如何善用它們。雄性螢火蟲發育完全後，會像甲蟲一樣長出翅蓋；雌蟲卻對點燈飛行這件事毫無所知，終其一生都會保持在幼蟲狀態（larva），或我們所說的不完全狀態。不過，就算在這個狀態中，將牠稱為蠕蟲也很不恰當。我們法國人常用「像隻蠕蟲一樣精光」這句話，形容人、事、物毫無保護裝置，可是螢火蟲不但穿著可保護自己的衣服，而且色彩還很斑斕呢！牠是深棕色的，胸前有淡淡的粉紅，而且每個環節的邊緣，還有著兩個亮紅色的斑點。蠕蟲是從不穿這種衣

服的。

螢火蟲最有趣的兩個特點是：第一，牠們取得食物的方式；第二，牠們尾巴上的燈籠。

一位著名的法國食品科學家曾說：「告訴我你吃些什麼，我就能知道你是什麼樣的人！」

同樣的問題也能拿來觀察、說明我們想瞭解的昆蟲。因為關於飲食來源的資料，攸關整個生物的生活。儘管螢火蟲外表看來天真無邪，牠卻是肉食主義者，是狩獵遊戲中的獵人，而且手段十分兇狠！牠的受害者通常都是蝸牛，這一點大家都知道，但目前對牠奇特的狩獵方式還不很清楚，我自己也沒看過相關資料。

螢火蟲在捕食獵物時，會先給對方一劑麻醉藥，使牠失去知覺，就好像人類在做外科手術前，會使用氯仿麻醉一樣。牠的食物大概都是比櫻桃還小的蝸牛，每當天氣炎熱時，牠們會成群集結在路邊的枯枝稻草上，整個夏天動也不動地群伏在那裡。在那些地方，我經常看見螢火蟲正在大快朵頤自己剛才麻痺的獵物。

但螢火蟲也常往別處去，在雜草叢生的的溼冷陰溝邊，也能發現很多的蝸牛，螢火蟲就在那裡將牠們就地解決。我在家裡也能模擬這樣的生長環境，所以我將螢火蟲的行動觀察得很透徹。

現在我就來敘述這個奇怪的情形。我在大玻璃中放些

小草，裡面還放了幾隻螢火蟲和一隻大小適中的蝸牛。接著，我得開始耐心等待、觀察，因為獵殺行動常常在不預期之際發生，而且一下子就結束了。

螢火蟲會先觀察蝸牛一會兒，依照蝸牛的習性，牠除了露出一點點外套膜的邊緣外，會將自己完全藏在殼裡。於是，螢火蟲就拿出牠的武器。這個微小到必須用放大鏡才能看得到的武器有兩個顎狀物，彎曲起來就像個鉤子，又尖又細，有如毛髮，透過顯微鏡，我們可以看到鉤子上有條溝槽。這就是螢火蟲武器的模樣。

螢火蟲反覆地用這件武器在蝸牛的外膜上輕敲著，感覺很輕柔，不像是要咬牠，比較像是在親吻一樣。小孩子相互逗弄的時候，也是常常用手指頭輕捏對方，我們說這種動作叫「扭」，其實就好像是在搔癢一樣，並不是重重地擰！我們也可以這麼形容說：螢火蟲在扭逗著蝸牛。

螢火蟲不疾不徐地扭逗著蝸牛，每扭逗一下，就會停一會兒，再看看情況如何了。牠逗蝸牛的次數也不多，大概六次左右，就足以使蝸牛失去知覺而無法動作。等到螢火蟲要吃的時候，又會往蝸牛身上扭逗幾次，看來比之前要重些。關於這點，我就不知道為什麼了。其實螢火蟲最初的幾下，就足以使蝸牛失去知覺了；螢火蟲閃電般靈敏的動作，已經將毒素從溝槽中注入蝸牛身上了。

這點是不用懷疑的，因為當螢火蟲扭逗蝸牛四、五次

後，我就將蝸牛拿開，並用針刺牠，可是牠的肌肉一點也沒有收縮，好像毫無生命跡象。還有一次，我偶然看到蝸牛正慢慢蠕動，伸展觸角爬行時，突然被螢火蟲攻擊了！蝸牛因為興奮，不規則地動幾下後就完全停下來了，觸角也垂下來，像一根壞了的柺杖。從種種跡象看來，蝸牛已經死了。

然而，牠可不是真的死去，我們可以讓牠活過來。只要在牠處於不生不死狀態的兩、三天裡幫牠澆澆水，幾天後，被螢火蟲傷害不輕的蝸牛就會恢復原來的知覺與狀態。如果用針刺牠，牠會立刻就有感覺；會爬動了，觸角也伸直出來了，好像什麼事都沒發生過，麻醉效果已經完全消失，蝸牛又活過來了。

當外科醫學認為是一大進展的無痛麻醉法發明前，螢火蟲和其他動物已經施行好幾個世紀了，外科醫生用的是嗅聞乙醚或氯仿的方式，昆蟲則使用毒牙注射少量的特殊毒藥。

蝸牛天性是無害而且和平的，奇怪的是，螢火蟲卻必須用這種特別的方法才能克服牠。但是我想，我可以解釋這個原因。

蝸牛若只是在地上爬行或縮在殼裡，要攻擊牠並非難事，因為牠的殼口上沒有蓋子，而且身體前半部完全暴露在外。但蝸牛常常爬到高處，比方草頂或光滑的石面上，

第 6 章　螢火蟲

61

一旦牠貼近這樣的地方，就能將自己保護得很好。牠的殼口一貼在這些東西上，就等於在身上加了一個蓋子。不過只要有一丁點沒蓋好，螢火蟲的鉤子還是可以透過裂縫鑽進去，使牠喪失意志！

但是蝸牛很容易就會從草桿上掉下來，牠只要稍一掙扎扭動，就會掉到地面，螢火蟲就會因此失去牠的食物了！所以螢火蟲一定要輕輕的叮蝸牛，使牠毫無痛楚，才不會將牠從草桿上給搖下來。我想，這就是螢火蟲擁有這種稀奇的外科工具的理由吧！

螢火蟲不只在草桿上讓受害者失去知覺，也在那樣危險的地方吃牠。螢火蟲的餐前準備也是大費周章的。螢火蟲是真的「吃」嗎？牠是將蝸牛分成一片片或切成小碎塊再慢慢咀嚼嗎？其實不然，因為我從來不曾在牠們的嘴邊找到任何食物的殘渣。螢火蟲並非真的「吃」，而是「喝」。牠先將蝸牛做成稀薄的黏糊狀，就像蒼蠅的幼蟲在「吃」肉的形式一樣，在牠吞下肉之前，就能先將它消化；在將食物下嚥之前，先將它變成流質物。

無論這隻蝸牛有多大，一般都會先由一隻螢火蟲去麻醉牠。等到蝸牛失去知覺後不久，其他賓客就陸陸續續到來了，牠們和主人毫無爭執，全部湧向獵物。兩天後，當我將蝸牛翻過來讓殼口朝下，裡面會流出像鍋裡的羹湯，肉已經被吃完了，只剩下一些碎渣。

很明顯的，經過反覆輕咬，蝸牛的肉就成了肉粥。賓客盡情地享用，每一隻都會用消化素，各吃各的。這表示螢火蟲的兩個毒牙，除了麻醉藥外，也能分泌些特別的物質，使固體的肉變成液體，讓每口食物毫不浪費。

　　有時候蝸牛所處的地勢很不穩固，因此螢火蟲每次進行這個工作時，都是用盡心機的。在我瓶子裡的蝸牛有時會爬到瓶口，我雖將瓶口用玻璃蓋住了，蝸牛仍利用隨身攜帶的黏液將自己黏在玻璃片上，這種黏液只要一減少，我們輕輕一搖，就能將牠搖落玻璃摔到瓶底。

　　螢火蟲常利用一種爬行器——為彌補腿力的不足而生長的——爬到瓶頂上仔細觀察牠的俘虜，並趁虛而入輕咬蝸牛一口，使牠失去知覺，然後毫不延遲地開始製造肉粥，準備好好吃上幾天。

　　當牠們吃飽喝足後，蝸牛的殼也空了，但是還剩有一些黏液的殼，仍然黏在玻璃板上沒有鬆動或掉下來。蝸牛一點反抗能力也沒有，逐漸變成羹湯，在那被螢火蟲第一次攻擊的地點逐漸流乾。這些小細節顯示了螢火蟲的麻醉針是很有效的，牠們處理蝸牛的方法也相當有技巧。

　　為了爬到懸在半空的玻璃蓋或草桿上，螢火蟲必須具有特別的爬行肢體或器官，以防止牠滑落下來。很明顯地，單憑牠笨拙的短腿是不夠的。

　　透過放大鏡，我們可以發現螢火蟲的確有一種特殊的

器官。在螢火蟲身體下面靠近尾巴的部位有個白點，這是由十幾個短粗的細管子所組成的。它們有時合攏在一起，有時張開就像朵玫瑰花的樣子。這一堆隆起的管子，可以幫助螢火蟲附著在光滑的表面，同時也能幫助牠爬行。假如牠想黏在任何東西上，牠就綻放胸前的玫瑰，將它撐得開開的，利用它的黏力附著在上面，同時交互著一張一縮，如此就能幫助螢火蟲爬行了。

　　這些指狀物是沒有指節的，但是能朝各個方向移動。除了黏著與爬行外，這朵玫瑰花般的胸飾還有一個功能，就是能拿來當海綿和刷子用。吃飽後準備休息時，螢火蟲就會用這個刷子將身體各部位掃刷一番。螢火蟲之所以能這樣做，是因為牠的脊柱很柔軟容易彎曲。但是牠這麼仔細地清掃自己，是為了什麼呢？這並不難理解，在牠將蝸牛變成肉粥，花上幾天時間食用它後，認真地將自己清洗一番，也沒什麼好奇怪的！

　　假如螢火蟲只會用接吻似的扭逗使對手麻痺，而無其他才能，那牠不就跟別的不顯眼的昆蟲一般默默無名了嗎。但是牠知道如何讓自己像燈籠一樣亮起來；牠閃耀著，這才是讓牠出名的絕佳方法。

　　雌螢的照明器具生長在身體的最後三節。前兩節都從下面成寬帶狀發出光來；第三節的發光面積就小很多，只有兩個光點，光亮會從背後透出來，無論上下方都可以看

得到。雌螢優雅且微微帶著藍色的白光，就是從身上這些帶狀物及點狀物放射出來。

雄螢的燈只有尾部末節的兩個光點，而所有的螢類都有這兩個小點。從幼蟲時代開始，牠們就有著這兩個發光小點，終其一生不曾改變，無論在牠身體表面的上下面都能看到；而雌螢特有的那兩條帶狀發光，卻只在身體下面才看得到。

我曾經用顯微鏡觀察過這些發光帶。在牠們的皮上有一種白色的塗料，形成很細的粒子物質，這就是光的來源。除此之外，在旁邊還有一種短寬的空氣管，上面有很多細緻的分支。像這樣的分支會散布在發光體上，有時更深入其中。

我很瞭解螢火蟲的光是由呼吸器官所產生的，當某些的特定物質與空氣結合時，就會產生亮光或火焰。這種物質稱為可燃物（Combustible），與空氣混合後發光或產生火焰的作用叫做氧化作用（Oxidisation）。螢火蟲的光就是氧化作用的結果。那種像白色塗料的物質，是氧化後的殘留物；連接著螢火蟲呼吸器官的細管，則負責供給空氣。至於發光物質的本質是什麼，目前我還不很清楚。

關於另一個問題，我們就有比較多的資訊了。我們知道螢火蟲可以控制身上亮光的強弱。牠可以任意地調整光的大小，或者將光源關掉。假如細管中的空氣流量增加，

光度就會增強；牠要是不高興，停止了氣管中的空氣輸送，那麼亮度就會變得微弱甚至熄滅。

外在的刺激會影響螢火蟲的氣管。螢火蟲身體最後一部分的光點，只要受到任何驚嚇，就會突然暗掉。當我們想捕捉小螢火蟲時，明明就看到牠在草叢裡發亮，但只要一不當心我們的步伐，動到了旁邊的小嫩枝，光亮就會立即消失，螢火蟲也不見蹤跡了。

然而雌螢絢麗的光帶，即使受到極大的驚嚇也絲毫不受影響。我曾將雌螢用鐵絲籠子裝起來放在戶外，在旁邊弄出爆裂聲，卻看不出這對牠們有任何影響，牠的光帶仍舊明亮如常。我又用噴霧器在牠們身上噴灑冷水，也沒有一隻將亮光捻去，頂多只是稍微昏暗一下，而這樣的情況實際上也不多。我又另外嘗試一些方法，還是不能使牠將光帶的光完全弄熄。

從各方面看來，螢火蟲的確有能力控制自己的發光機；但雌螢的發光帶則完全無法自我控制。如果我們割下一些發光的皮，將它放在玻璃試管內，它看起來雖然不像在螢火蟲身上時耀眼，但仍然亮著光。這樣看來，帶狀的發光物質是不需要生命體支撐的，因為發光的外皮直接與空氣接觸，也就不需要經由氣管獲取氧氣了。在蘊含空氣的水中，這層外皮和在空氣中一樣明亮；但如果是在煮沸過不含空氣的水裡，光亮就會逐漸熄滅。這就是證明螢火蟲的

法布爾昆蟲記

光是氧化作用結果的最佳證據。

　　螢火蟲的光泛白平靜，看起來柔和，就像是從月亮落下的小火花。螢火蟲的光雖然十分燦爛，卻很微弱。在黑暗中，我們也可以靠螢火蟲的光辨認一些文字，不過範圍很有限，而且這種光很容易讓人的眼睛感到疲累。

　　這些光亮的小東西並沒什麼家庭觀念，他們隨處產卵，有時在地面，有時在草上，而且產下卵之後就不再去管它們了。

　　自始至終，螢火蟲都是散發著光亮的，甚至是卵和幼蟲也一樣。當天氣要變冷時，幼蟲就會鑽到不深的地面下，我將牠挖出來時，牠的小燈還亮著呢！即使在土壤裡，牠們還是一本初衷地點著燈。

第7章
細腰蜂

I. 細腰蜂選擇的造屋地點

　　所有喜歡在人類房屋內築巢的昆蟲中，最有趣的應該就是體態美麗、行為奇特，而蜂巢又讓人驚豔的細腰蜂了。知道牠的人並不多，即使牠就住在房內的火爐旁，住家裡的人可能也不知道牠的存在，這些全要歸功於牠安靜、平和的天性。牠是那麼的覷覥，以致於牠客居家中的主人總是忽略了牠的存在。現在我們就來談談這種平日不怎麼顯眼的小生物吧！

　　細腰蜂很怕冷，牠們常在橄欖樹生長，在知了齊唱的溫暖陽光下搭起帳棚，有時甚至為了家族必須的溫暖，而遷居到人類的住家。牠們平日的棲息地點大多選在農人安靜的茅舍，以及夏日裡陽光最充沛的地方；如果可能，牠們會占領經常燒柴的大壁爐旁。冬天晚上，溫暖的火焰更是牠選擇住所的要點，只有冒著黑煙的煙囪牠才會考慮；一點煙氣也沒有的，房子裡的人們肯定在受涼。

　　七、八月的大熱天，這個訪客會突然出現尋找做巢的

地點。牠不會被房子裡的喧鬧所驚嚇，牠用銳利的眼光及敏感的觸角，觀察烏黑的天花板角落、屋簷、壁爐架，特別是火爐的四周，甚至是暖氣管裡。一旦視察完畢決定地點後牠就會飛離，不久牠會帶著一丸土回來，開始築起巢的底層。

牠所選擇的地點不盡相同，而且常常都是很奇怪的地方。火爐的溫度最適合幼蜂成長，而牠最中意的地方是煙囪的兩側，高約二十吋左右的地方。不過，這樣舒服的地方也有些缺點，煙常會將牠們的窩巢燻成棕黑色，就像在燒磚頭一樣。即使火焰沒有燒到牠們棲身的地方，幼蜂也常常會燻死在裡面。但是，母蜂好像非常清楚如何處理這種情形，所以總是會本能地找到適當的地點。

然而，就算牠事事處心積慮，還是有件危險的事會發生。也就是當細腰蜂正在築巢時，煙囪裡突然起了一陣蒸汽、煙霧，使得牠不得不暫停或全天停工，放下造了一半的房子。我曾聽人說，河鳥（Water Ouzel）歸巢時要經過磨坊水車下的激流。細腰蜂就更勇敢了，齒間銜著一小丸泥土，要穿過一陣陣濃霧，接著就消失了蹤影。一種不規律的鳴聲響著，這是牠工作時所唱的歌，所以我們可以確定牠就在煙霧裡神祕地進行著建造的工作。歌聲一旦停止，牠又從煙霧裡飛出來，一點事兒也沒有。每天牠都要一再地面對這樣的危險，直到建好巢穴，儲藏好食物，封閉巢

穴為止。有一回，我看見一隻奇怪而輕靈的昆蟲從木桶升起的蒸汽中衝出來。牠的上身很瘦，下身卻很肥大，中間就像是用一根細線連結起來，這就是細腰蜂，是我第一次以觀察的眼光看到的。

我很想好好認識我的客人，所以吩咐家人，我不在家的時候不要去打擾牠。事情發展得很順利，遠超過我所期望的。我返家後，牠仍在蒸汽裡進行牠的工作。為了要看牠的建築情況、吃些什麼、以及幼蜂的生長過程，我將火給熄滅，以減少煙量，就這樣盯著母蜂在煙霧裡穿梭兩小時之久。

可是從那次以後，差不多有四十年的期間，我的屋裡不再有這種客人光臨過。我只好從鄰居們的暖爐附近，收集更進一步關於牠的知識。

細腰蜂似乎是孤離而且飄泊不定。牠經常築起一個單獨的巢，而且築巢的地點很少是靠近自己生活的地方，這種習性和其他蜂類並不相同。我們時常可以在南方城市看到牠，但大致說來，牠寧願住在農人滿是灰煙的小屋，也不要住在城鎮裡清潔乾淨的別墅。沒有其他地方的細腰蜂數目比我們村莊多了，我們這裡傾斜的茅屋都被陽光曬成了金黃色。

很明顯地，細腰蜂選擇在煙囪上築巢並非為了舒適起見，因為在這種地方築巢不但特別費力也很危險。牠是為

了家人孩子的福祉著想，細腰蜂家族必須在高溫的環境生長，這一點和其他蜂類很不同。

我曾看過細腰蜂把巢築在絲綢工廠的機房裡，而且就固定在大鍋爐上方的天花板上。除了夜晚和假日，這地方的溫度全年都在一百二十度左右。我也曾在鄉下的蒸餾酒場裡看過牠們的窩，幾乎到處都可以看得到，即使堆積的帳本上也有。這裡的溫度大約是一百十三度，這表示細腰蜂很耐熱，熱帶氣候對牠來說絕對沒有問題。

鍋子和暖氣爐是牠最理想的家，但牠也很願意將自己置身於其他舒適溫暖的角落，比方溫室、廚房天花板、關閉窗戶的凹處、小木屋房裡的牆上等。至於築巢的根基是什麼，牠卻是不大關心的。牠那多巢室的窩平常都建在石壁或木頭上，但也有好幾次，我看到牠是將巢建在葫蘆、皮帽、磚的空隙、裝燕麥的袋子邊以及鉛管裡。

有一次，我在亞威農附近的農人家，看到更令人印象深刻的巢。在一個有著大鍋爐的房間裡，一排鍋子正煮著農人們喝的湯和農場牲畜吃的食物。從田裡回來、餓著肚子的農人們，默默卻很迅速地吃著食物。為了享受半小時的悠閒時光，他們脫去帽子和工作服，並將它們掛在木釘上。農人吃飯的時間雖然短暫，卻長得足夠讓細腰蜂占據他們的衣著。草帽裡和上衣的摺縫都是細腰蜂築巢的好地方，所以趁著農人休息，細腰蜂的建築工作立刻就展開了。

當一位農人從飯桌起身，拿起衣服抖一抖，而另一位拿起帽子，拍掉上面的細腰蜂巢時，它的大小已經有橡實那麼大了。

在那農家裡煮飯的廚子，對細腰蜂毫無善意，她說細腰蜂常常弄髒東西。黏在天花板、牆壁及煙囪的汙泥還容易清掉，但在桌巾、窗簾上的就很難處理掉了。要甩掉牠們很不容易，因為第二天早上，細腰蜂又一如往常地忙碌建巢了。

II. 細腰蜂的建物

我很同情那位女廚師，但多希望自己可以是她啊！我會多麼開心讓細腰蜂不受打擾，即使牠們將我的家具全部沾上泥巴。我多想知道那些建在不穩固的窗簾和外套上的巢接下來會怎樣。條紋花蜂（Mason Bee）的巢是用灰泥做成的，若是圍繞在樹枝四周，是能很堅固地黏在上面；但是細腰蜂的巢就只是一團泥巴，沒有水泥或堅固的根基。

細腰蜂的建築材料只有溼土，河邊取來的黏土最為適用，但在我們這個多砂石的村莊裡，小溪流並不多。然而我卻可以在空閒的時候，看到這些建築師在我的園子裡，因為那裡有條小水溝，有時候整天都有涓涓細流通過。

鄰近的細腰蜂很快地就都發現這件好事，匆忙跑來取用這層珍貴的泥土，這可是在乾季裡難得的發現。牠們用

大顎刮取地面上的泥，腿直立起來，將黑色身體抬得老高，翅膀還在振動。這些搬運泥土的細腰蜂，牠們有自己的方法可以讓全身都避開泥土，除了足尖與大顎外，身上一點泥巴的痕跡也沒有。

差不多豌豆大小的泥球，就是這樣做好的。細腰蜂用牙齒將它銜住，飛回去，將這個泥球覆在牠的建築物上，然後再飛回來做第二個。只要泥土還是潮溼的，牠們就會持續不斷地做著這個工作。

但是取用建材最好的地點，還是村子裡農人牽驢子去喝水的水源地。那裡無時無刻都有黑色的爛泥，就算是強風烈日都不會使它乾燥。這個泥濘的地方雖然讓行人感到不方便，但細腰蜂卻喜歡來這裡，在驢子的蹄子旁擷取小泥丸。

不像其他以泥巴築巢的蜂類，比方條紋花蜂。細腰蜂並不將泥巴變成硬土塊，而是直接就這樣使用。所以牠們的建物都很不堅固，完全不適合在氣候多變的開放空間裡，只要一滴水滴在表面，就很可能使它再次變成泥巴；一陣雨就會又將它打成泥漿了。它們只是一坨乾的爛泥，一旦變溼又會成為爛泥。

所以囉，即使幼蜂並不怕冷，但為了防止牠的巢被雨水打壞，細腰蜂喜歡將巢築在人類的住所，尤其是在煙囪附近。

在將蜂巢做最後粉飾前，也就是遮蓋整個建物之前，細腰蜂的巢是頗具美感的。它是由一串串蜂室所組成，有時相互並成一列，形狀有點像口琴，但最常見的是相互堆疊的形式，我看過最多的有十五個蜂室，有的十個，有時減少至三、四個，最少的只有一個。

蜂室的形狀很像圓桶，開口的地方略大些，底部比較小。長約一吋多，寬約半吋，精緻的表面就像是仔細拋光過一樣，而且有些線狀的隆起物在上面橫護著。每一條線就算是一個樓層。蜂巢一築好就會用泥巴蓋起來，一層層曝露突出的線狀，只要數一數有多少線，就可以知道細腰蜂在建築的時候大概來回了幾趟。通常大約會有十五到二十層，而每一個穴室，就大概要往返搬運材料二十次。

細腰蜂的蜂室就像是一個罐子，裡面儲藏著食物：一堆小蜘蛛。穴室一個個建好後，就會塞滿蜘蛛，當產卵之後，牠就會將蜂室封起來，始終保持著美觀的外表，直到細腰蜂認為巢室數量已經足夠了為止。最後牠會在蜂巢的外部再堆上一層泥，使其更為堅固。這樣的工作就不像之前做巢室一樣有精巧的計算。只要帶回多少泥巴，就全都往上面堆，只是隨意地敲個幾下，讓泥土得以鋪張開來。這層醜陋的包裝，將原本美麗的建物都給遮住了。這形狀讓蜂巢看起來就像是不小心拋擲在牆壁上的一堆泥巴。

Ⅲ. 細腰蜂的食物

　　幼小的細腰蜂都以蜘蛛為食。在同一個巢穴中會有不同種類的蜘蛛，因為各種蜘蛛都可以當成食物，只要牠的體積不要太大，可以帶進去裡面就好，背上有三個交叉白點的十字蜘蛛（Cross Spider），是最常見的餐點。原因很簡單，因為細腰蜂通常不出遠門狩獵，這種蜘蛛則是最容易獵得的。

　　有毒爪的蜘蛛，是不易捉到的危險獵物。如果蜘蛛的身體很大，細腰蜂得有更大的膽識才能征服牠，不過細腰蜂的巢穴太小，也容不下這樣大的獵物。所以當細腰蜂遇到一群蜘蛛，總是會選小隻的捕捉。然而，即使牠們都很小，體積還是有些不同，這也相對地影響了放置的數量，有些巢室裡有一打左右的蜘蛛，有些則只有六、七隻。

　　另一個選擇小蜘蛛的理由是，當細腰蜂將獵物放入巢室裡前，會先將獵物殺死。細腰蜂會突然落在蜘蛛身上，翅膀幾乎沒停下來就將獵物給帶走了。細腰蜂並不知道麻醉獵物的方法，所以牠帶回去的獵物很快就會腐壞。如果是小蜘蛛，牠一次就可以吃完；若在大蜘蛛身上這咬一口那咬一口的話，會讓食物腐壞得更快，同時毒害蜂巢裡的幼蟲。

　　細腰蜂的卵都是產在第一隻儲藏的蜘蛛身上，這幾乎沒有例外。細腰蜂會先將一隻蜘蛛放在最下層，在上面產

卵後，再將其他蜘蛛堆在上頭。這個聰明的方法，可以讓幼蟲先吃到最先捕捉到的蜘蛛，然後才會吃比較近期的，因此幼蟲吃到的食物就不會因為放太久而腐爛。

牠的卵總是產在蜘蛛最肥美的地方，只要幼蟲一孵化，就可以吃到最柔軟美好的食物。然而這些生物可是一點也不浪費，大吃大喝八到十天後，等結束用餐時，一堆蜘蛛一點殘渣也不剩下了。

接著幼蜂開始結繭了，它的樣子像是一個精緻純淨的白絲袋。為了使這個袋子結實，達到保護作用，幼蟲還會從身體裡分泌一種像漆般的流質物。這些液體流入絲袋的網眼就會漸漸堅硬，像是塗上光亮的漆層。幼蟲再於底部加上一個硬的填充物，就萬無一失了。

一切都完備的繭成金黃色，讓人聯想起洋蔥的外皮；它也和洋蔥一樣有著細緻的質地，相同的顏色及半透明感，用手指搓它時也會沙沙作響。視氣候好壞增減時間，成蟲就從裡面孵化出來了。

若我們在細腰蜂儲藏食物後做個小實驗，就能顯示牠是一種本能相當機械化的生物了。當細腰蜂完成蜂室後，我趁牠帶回第一隻獵殺的蜘蛛並在上面產卵，然後又飛出去的空檔，用鑷子從蜂室裡夾走了蜘蛛和卵。

我們會想，如果牠還算聰明，一定會發現自己的卵不見了。卵雖然小，卻是產在大目標物蜘蛛上啊！當牠發現

細腰蜂

一切都完備的繭成金黃色，讓人聯想起洋蔥的外皮；
它也和洋蔥一樣有著細緻的質地，
相同的顏色及半透明感，用手指搓它時也會沙沙作響。

蜂室裡空了的時候會怎麼做呢？牠會敏銳地再產另一個卵替代不見的那一個嗎？事實並非如此，牠的舉動出人意料之外。

牠只是帶回了第二隻蜘蛛，興高采烈地將牠放好，彷彿一點事也沒發生。此後只要牠帶回一隻蜘蛛，飛出去時，我都會把蜘蛛拿出來，因此牠每次回來時，儲藏室都是空的。牠執著地工作了兩天，就是為了裝滿這個裝不滿的蜂室。到了第二十次時，不知道是否因為這個獵者疲倦於旅行了，還是牠認為裡面已經裝滿了，竟然小心地將這個根本沒有東西的蜂室給封了起來。

由此看來，昆蟲的智慧還是有限的。意外的困難，會讓昆蟲束手無策，無論牠是哪一種類的昆蟲。我可以舉出許多例子說明，昆蟲雖然能將工作做得非常完美，卻完全沒有理解能力。經過長時間的觀察，我可以斷言牠們的勞動是不自主的，也不是有意識的。牠們的建築、紡織、狩獵、攻刺以及麻痺獵物等行動，都和消化食物或分泌毒液一樣，對於牠的方法與目的完全不自知，全都是出於本能。

牠們的本能不能被改變，再長的時間和經驗也不能喚醒牠們的意識。如果只有單純的本能，就會使這些昆蟲無力適應環境。然而環境是常常改變的，不預期的事也常會發生。在這種不明的情況下，每種昆蟲都需要一種能力來教導牠們知道，什麼該被接受或拒絕。這樣的指導當然是

有的，但還談不上是一種「智慧」。我會說這是一種「辨識能力」。昆蟲能意識到自己的行動嗎？能，也不能。假如牠的行動是基於本能，牠就不能；如果牠的行動是辨識能力的結果，牠就能。

比方細腰蜂利用軟泥巴建巢，這就是一種本能，無論經過多少時間或不如意，牠還是不會像條紋花蜂一樣，用細沙水泥築巢。牠的巢需要築在有遮蔽的地方，好抵抗風吹雨打。起初，也許在石頭下可以隱匿的地方就覺得滿意了；但當牠發現有更好的地方，自然就會占據下來，牠就是這樣遷居到人類的住所裡。這就是辨識能力。

牠本能地用蜘蛛作為幼蟲的食物，卻不知道小蟋蟀也是一樣的好。但如果缺少了白點蜘蛛，牠也不會讓幼蟲挨餓，因此帶回了不同種類的蜘蛛。這也是辨識能力。

就是這種辨識能力，潛伏著昆蟲將來進步的可能性。

IV. 細腰蜂的來源

細腰蜂帶給我們另一個問題。我們已經知道，細腰蜂喜歡找尋壁爐附近的溫暖，因為牠以軟土築成的巢，會因為潮溼而變成泥漿，因而必須有個乾燥隱蔽的地方，當然，熱也是必要的。

那麼，牠是外來者嗎？牠是從非洲沿海遷居來的嗎？是從有棗樹及橄欖樹的地方來的嗎？如果是這樣，牠自然

就會覺得這裡的陽光不夠溫暖，而到火爐旁邊尋求人工的溫暖了。這就可以解釋為何牠的習性和其他會躲避人類的黃蜂有所不同了。

牠到這裡來之前的生活是怎樣的呢？在沒有房屋以前，牠住在哪裡？沒有煙囪暖爐前，牠在哪裡庇護牠的幼蟲呢？三十年來我常問自己，在這些時候及狀況下，細腰蜂都住在哪裡呢？在屋外，我很難發現牠們蜂巢的痕跡。終於有個機會，幫助我對牠們有更進一步的瞭解。

席瑞納（Serignan）石場上，有很多碎石子和廢物，堆積在那裡已經有幾世紀之久。田鼠在那裡嚼橄欖和橡實，偶爾也吃個蝸牛。在那些石頭下，到處都是空的蝸牛殼，各種黃蜂、蜜蜂在空殼裡築巢。我在搜尋這批寶藏時，曾三度在石堆裡發現細腰蜂的窩。這三個窩和屋裡發現的完全一樣，建築材料和保護的外表也都是相同的泥土。在這種惡劣的環境下，居然沒有促使這種建築家稍有進步，只有在非常少的情況下，才會看到細腰蜂將巢建在石堆裡，而且是不靠著地面的平坦石塊上。在牠們尚未入侵人類居家前，牠們的巢一定建在這類地方上。

然而這三個巢的形狀卻相當不堪，經過溼氣侵蝕與風吹日曬，早已毀壞，繭也已經粉碎。沒有了泥土的保護，牠的幼蟲早已不見，可能讓田鼠或其牠動物給吃了吧。

這種殘破的景象，不禁讓我懷疑，我家附近是否真的

有適合細腰蜂築巢的地方？很明顯的，母蜂不喜歡到外面築巢，牠們也沒被驅趕得毫無辦法。同時，外面的氣候也不能讓牠像祖先一樣順利的生活。我想牠一定是個外來者，來自一個幾乎沒有什麼雨，而且也沒有雪的乾燥炎熱地區。

我相信細腰蜂是從非洲來的。很久以前，牠經過西班牙和義大利來到我們法國南部來，牠不可能越過生長橄欖樹地帶再向北去。牠原籍非洲，現在已經歸化普羅旺斯了。據說在歐洲，牠常在石頭下築巢；在馬來群島，聽說也有牠的同類寄住人類家裡。從世界的這端到那端，牠們都有著相同的愛好——蜘蛛、泥巢、人類的屋簷下。如果我現在在馬來群島，我一定要翻遍石堆，而且可能會在一塊平坦的石頭下，發現細腰蜂最原始的住所。

第 8 章
我的貓的故事

　　把昆蟲放到袋子裡旋轉，並不會使昆蟲迷失方向，那麼這個方法對於貓會有什麼影響？我聽過鄉村人的說法：將貓放在袋子裡旋轉，會使牠找不到回家的路。我最初相信這個說法，但直到有一天我家的貓依靠自己的力量返家，我才推翻了這個說法。

　　這是發生在我住在亞威農的事。有一天，我在花園裡看見一隻可憐的小貓，牠並不漂亮，身上的毛亂七八糟，背上顯露著一節一節的脊背，非常地瘦。那時我的孩子們都還年幼，他們很憐惜這隻小貓，會將麵包塗上牛乳給小貓吃。小貓很高興地吃了一口又一口，然後就走掉了。儘管我們一直在牠後面溫和地叫著：「貓咪，貓咪——」牠仍舊頭也不回地走了。沒過多久，小貓又餓了。牠從牆頭上爬下來，被同樣的麵包引誘。孩子們輕輕地摸著牠瘦弱的身軀，眼裡充滿同情。

　　我與孩子們討論牠的事情，最後我們決定收養牠。不久，牠長成一隻漂亮的雄貓，就像小小的「美洲虎」——毛色紅棕，帶有黑色斑紋，虎頭虎腦的，還有鋒利的爪子。

我們為牠取名為「阿虎」。後來阿虎有了伴侶，她也是從別處流浪而來的，他們倆生了一大堆小阿虎，這便是阿虎家族的由來。我一直收養著牠們，而這些貓也一直跟著我搬遷，至今快要二十年了。

　　我們第一次搬家是在一八七〇年，當時要從亞威農搬到歐蘭就。我們非常擔憂貓咪們，若是遺棄這些我們所寵愛的貓，牠們會再度流浪。但都把牠們帶上的話，雌貓和小貓們還能保持安靜地待在籃子裡。但兩隻大公貓——老阿虎與小阿虎在旅途上是一定不會乖乖的。最後我們決定把老阿虎帶走，把小阿虎留在此地，替牠另尋一個家。

　　幸運的是，我的朋友勞勒先生願意收留小阿虎。於是某天晚上，我們把貓裝在籃子裡，送到他家去。我們回來以後，一邊吃晚餐一邊談論小阿虎，說牠運氣不錯，遇到收養的人家。正說著話，突然從窗口跳進來一團滴著水的東西。我們都嚇了一跳，仔細一看，這團狼狽不堪的東西在我們的腿上蹭著，一邊發出高興的呼嚕聲，正是被送走的小阿虎。

　　第二天，我們聽到小阿虎的故事：牠到勞勒先生家後就被鎖在一間房間裡。一發現自己在陌生的環境做了囚犯時，便發狂般地亂跳。一會兒跳到家具上，一會兒跳到壁爐架上，撲向玻璃窗，幾乎要把每個東西都撞壞。勞勒夫人被這個小瘋子嚇壞了，趕緊打開窗子，於是牠從窗口裡

跳出去。不久之後，牠就回到我們家。這可不簡單啊，牠必須穿越大半個村莊，走過錯綜複雜的街道，期間可能遭遇到危險，或是碰到頑皮的孩子、凶惡的狗。最後還要渡河，河上有好幾座橋，我們的貓沒有繞著圈子去過橋，牠直接取一條最短的路徑，牠勇敢地跳入水中——牠渾身溼淋淋的便是證明。

　　我很可憐這隻小貓，牠對於家是如此的忠心。我們都同意帶牠一起走，但還沒能擔憂牠在路上會不安分，因為沒過幾天，我們發現牠僵硬地躺在花園裡的矮樹下。牠被毒死了，做這種事的人可不會是出自好意！

　　再來說說那隻老阿虎。當我們動身搬家時，卻找不到牠了。於是我向車夫保證，若是他找到老阿虎，把牠帶到歐蘭就的新家這邊來，我就會付給他酬金。當車夫帶著最後一車家俱來的時候，也把老阿虎帶來了。老貓在來的前兩天就被關進箱子裡，當我打開囚箱時，真不敢相信牠就是我的老阿虎了。

　　從箱子裡出來的牠，活像一隻可怕的野獸，腳爪不停的張舞著，嘴唇上沾滿了白沫，眼睛充血，毛髮直豎，完全沒有了原來的神態和風采。難道牠發瘋了嗎？我仔細的察看牠，才終於明白，牠沒有瘋，只是被嚇壞了。可能是車夫捉牠的時候把牠嚇著，也或許是長途旅程將牠折磨得精疲力盡。我不能確定到底是什麼原因，但顯而易見的是，

老阿虎性情大變，不再柔柔的喵喵叫，也不再磨蹭我們的腿了，只留下深沉的憂鬱。精心的照顧也不能消除牠的憂鬱。最後，在某個早晨，我們發現牠死了，就躺在火爐前的一堆灰上，憂鬱加上衰老結束了牠的生命。若是牠仍有精力，會不會回到亞威農的老家去呢？我不敢妄下斷定。但是我覺得，一個動物因衰老而無法返回故居，最後得了思鄉病憂鬱而死，這是一件令人感慨的事！

老阿虎無法做的，另一隻貓則做到了，當然距離要短得多。我們決定再次搬家，這次將離開歐蘭就到隆里尼村。

這次搬家的時候，阿虎家族已完全換了一批了：過去的老貓已經死了，來了新的與年輕的。其中有一隻成年的雄貓酷像牠的先祖。只有牠會在搬家的時候讓我們煩惱。其他的小貓咪和母貓們，是很容易制服的，只要把牠們放在一個籃子裡就行了。只有那隻年輕雄貓得單獨放在另一個籃子裡，以免把大家都鬧得不得安寧。一路上相安無事。到了新居後，我們先把母貓與小貓們抱出籃子，牠們一出籃子，就開始一間一間的審視和檢閱新屋，靠著牠們粉紅色的鼻子，嗅出了那些熟悉的家俱氣味。牠們找到了自己的桌子、椅子和鋪位，可是已經不是原來的地方了。牠們眼睛裡閃著探究，發出微微的喵喵聲。我們疼愛地撫摸著牠們，給牠們一盆牛奶，讓牠們盡情享用。第二天，牠們就適應環境了。

但輪到那隻雄貓，情形卻完全不同了。我們把牠放到閣樓上，那裡有足夠的空間可以讓牠自由地遊玩。為了讓牠漸漸習慣新環境，我們輪流陪著牠，給牠加倍的食物，並不時地把其他的貓也捉上去和牠作伴，以便讓牠知道，牠並不是獨自一個在這新屋裡。我們想盡了一切辦法，希望讓牠忘掉歐蘭就的家。牠似乎真的忘記了，當我們撫摸牠的時候，牠顯得溫和馴良；當我們一喊牠，牠會「咪咪」地叫著過來，還會弓起背來。這樣關了一個星期，是時候恢復牠的自由了，於是將牠從閣樓上放出來。牠走進了廚房，跟別的貓一樣待在桌子邊。我的女兒阿萊亞緊緊地盯著牠，就怕有什麼異樣的舉動。後來牠又走進了花園東張西望，做出一副非常天真的樣子，最後仍回到屋裡。太好了，方法奏效，牠再也不會逃走了。

　　第二天，任憑我們叫了多少聲「貓咪——咪咪——」呼喚著牠，就是沒有牠的影子！到處找牠，卻絲毫沒有結果。啊——騙子！騙子！我們上了牠的當！牠還是走了。我說牠肯定是跑回歐蘭就了，但家裡其他人都不相信。

　　我的兩個女兒為此特意回去一趟。就像我說的那樣，她們在那裡找到了貓。她們把牠裝在籃子裡帶回來。牠的爪子上與腹部都沾滿了沙泥，可是天氣很乾燥，地上沒有泥漿，可見牠是渡過河回老家去的，當牠穿過田野的時候，溼漉漉的皮毛與爪子就沾染上泥土了。而我們的新家，距

離原來的老家，足足有七公里遠呢！河上有兩座橋，但牠本能的選擇最短距離，就是穿越河流。牠很討厭水，但為了返回故居，居然不顧一切了。

我們把這隻逃犯貓關在閣樓上。直到兩個星期之後，才放牠出來。但還不到一天，牠又跑回去了，對於牠的未來，我們只能聽天由命了。後來有一位舊居的鄰居來拜訪我們並說起那隻貓，說他有一次看到我們的貓嘴裡叼著一隻野兔，躲在籬笆下。現在沒有人餵牠食物了，牠得自力更生去尋找食物。後來我就再也沒有聽到過牠的消息了。牠的結局應該是不幸的，變成了盜獵者，恐怕也走上與盜獵者結局同樣的命運。

這些真實的故事證明了貓和蜂類一樣，有著辨別方向的本領。儘管路途遙遠與不熟悉，成年的貓還是會返回老家。另外需要搞清楚的是，若放在袋子裡旋轉，會使牠們迷失方向嗎？我在考慮如何做實驗時，得知了更精確的消息，說明這個實驗沒有用。這個方法是輾轉得知的，沒有一個人實踐過，只是自認為把人的眼睛矇住旋轉一圈，人就辨別不出方向。以人來推斷動物，以為這個理由有說服力，其實是不正確的。

我收集到了許多證據，在在證明旋轉是不能阻撓成年的貓返回老家，鄉村人所相信的事情最初吸引了我，但這是建立在沒有認真觀察的偏見之下。

第 9 章
避債蛾

I. 穿著整齊的毛毛蟲

在春天，我們也許會在舊牆或塵土飛揚的路上，看到一些令人驚訝的東西：一捆捆的小柴束，不知道為了什麼竟然一蹦一跳地自己動了起來。沒生命的東西有了生命，不會動的東西也動了。真是令人驚訝啊！但如果我們靠近一點兒看，就會找到解答。

在這會動的柴束裡，住著一條有著黑白條紋的漂亮毛毛蟲。牠們可能正在覓食，也有可能在找一個適當的地點蛻變成蛾。牠們怯懦地向前急走，穿著奇怪的樹枝服裝，除了牠的頭和有著六隻短足的前半部外，這衣服完全將牠給包了起來。只要有點風吹草動，牠就會躲到自己的匣子裡，然後一動也不動了。這就是會走路的柴束的祕密，牠是屬於避債蛾一類的柴束毛蟲（Faggot Caterpillar）。

為了在寒冷的天氣裡保護自己，赤身裸體的避債蛾為自己建了一個輕便的遮蔽所，就像是個可移動的小屋一樣，牠會一直待在裡面，直到蛻變成蛾為止。就像是間有著輪

子的小屋，上面有著茅草的屋頂；更好的形容則是像隱士的僧袍，質料卻是很特別的。多瑙河山谷的農人，都會穿著一種隨意紮起的山羊皮斗蓬；避債蛾的外衣，則比這種衣服還簡陋：牠可是用小柴枝做了一套衣服。對牠細緻的皮膚來說，這可說是個折磨啊，所以在裡面，牠又穿了件厚內裏。

四月的時候，在我主工作室的牆上可以發現很多避債蛾，剛好提供了我許多關於牠們的細節資料。在慵懶的狀況下，代表牠即將變成蛾了，此時就是觀察牠的柴束匣的最好機會。

柴束匣看來很整齊，就像是個約一吋半的紡錘。組成這個東西的小柴枝，前部分是綁在一起的，後部分就比較鬆散，它們就是這樣排列著的，用來遮蔽日曬雨淋，除此之外牠就沒有更好的保護了。

猛然一看，避債蛾還真的很像茅草。但茅草並不能正確地形容牠，因為我們很少在牠的身上找到稻莖。主要的材料有輕軟、新鮮的葉莖，其次還有葉子、柏樹的鱗片葉和各種小樹枝。倘若牠所喜歡的東西都沒了，牠就會採用乾葉的碎片。

總之，這種毛毛蟲喜歡含有木髓的材料，但也會用任何隨機遇到的材料，只要是輕巧、柔軟、乾燥、大小適當就可以了。牠所用的材料總是保持原來的樣子，牠也不會

將它們改成適當的長度，只要碰到了，就將它收起來。牠的工作只是將材料從前面部分固定起來。

　　毛蟲為了活動方便，特別是在穿上新枝時能使頭足自由行動，牠的匣子的前端必須要有特殊設計。如果只是用樹枝拼裝這個匣子是不合適的，因為樹枝的長度和硬度，會使這個工人的工作受到阻礙。所以牠需要一個有彈性的頸子，讓牠可以朝四面八方轉動。那些樹枝在離毛蟲前部不遠，還有一段距離時就不會再往前，取而代之的是一種頸圈；柔軟的質地是以碎木屑搓硬做成，同時兼顧了堅韌與彈性。這個可以自由活動的頸圈很重要，每隻毛蟲一定會有這樣的頸圈。這個頸圈摸起來很柔軟，內部都是絲織成的網，外面則蓋了一層絲絨般的木屑，這是毛蟲在割枯草時得來的。

　　當我將這草匣一層層撥開時，發現它是由很多極細的小桿子所組成，我曾數過大約有八十多枝。從毛蟲的肌膚到柴束的中間，我發現一件材質和頸圈相同的內衣，它是用堅韌的絲做成的，用手無法拉斷。這層光滑的絲織物，裡面是美麗的白色，外層則是褐色而有皺紋，上面散布了一些木屑。

　　接著，我們來看看毛蟲是如何做這件精緻的服裝。這件衣服內外共有三層，第一層是貼著毛蟲身子的絲綾；第二層是用來保護、加強的木屑混合物；最後一層則是用小

樹枝重疊著的外罩。

雖然各種避債蛾都穿了三層衣服，但每個種類的外罩
都各不相同。例如，有一種常在六月塵土飛揚的路上看到
的，牠的外罩尺寸和設計上都要比我剛剛提的那一種來得
精巧。前面說的那一種，所使用的材料就比較粗糙，看來
也比較不美觀。這一種避債蛾的外罩是用很多材料做成的，
有空心樹枝的碎片、麥桿的片段和一些草葉片。牠的背上
也沒有突起物，除了不可缺少的頸圈外，全身都裝在小細
枝做成的外套裡。兩者大致上差別不大，然而由於牠看起
來完整，所以漂亮多了。

還有一種身材較小、衣著較簡單的避債蛾，常在冬末
的牆上或多節的老橄欖樹、榆樹上發現牠的蹤影。牠的外
罩很小，通常不到 0.4 吋長。牠隨意利用一些枯草，將它們
一根根貼起來。除了那層絲質的內罩外，這就是牠全身的
行頭，很難有其他的種類穿得比牠更經濟實惠了。

II. 好媽媽

如果在四月裡抓幾隻避債蛾放在觀察籠裡，我們就可
以更瞭解牠們了。這時牠們大多處於準備結蛹變成蛾的時
候；有些仍然活潑，會爬到鐵絲格子上，用一種小絲墊將
自己固定在那裡，接著就要等上幾個星期，才會有所改變。

六月底，雄性幼蟲從外罩裡出來了，並從毛蟲蛻變成

蛾。這個外罩，也就是一捆柴束，前後各有一個出口。前面那一個比較整齊細緻，一直都會封閉著。避債蛾就是用這一端附著在支持物上面，使牠的蛹得以固定。毛蟲在尚未變成蛾以前，會先在裡面轉個身，蛻變後就從後面的出口出來了。

　　雄蛾雖然只穿著一件簡單的淡灰色衣服，翅膀大小跟蒼蠅的差不多大，但卻很漂亮。雌蛾的外表就比較沒有特別的地方，而且通常會比雄蛾晚出來幾天，樣子很不好看，甚至比毛蟲還難看。牠沒有翅膀，連絨毛也沒有。牠圓圓多節的身體頂端，戴著一頂灰白色的天鵝絨帽子；背中央的每個環節上，有個正方形般的大黑斑點，這是牠唯一的裝飾品。

　　當牠離開蛹鞘前會在裡面產卵，於是母蛾的大衣就傳給了牠的後嗣。由於產卵的數目很多，整個過程大概要經過三十小時以上。產卵完畢後，牠會將門關上，以防外力的侵入。為了這個目的，這位仁慈的母親就利用身體上那頂天鵝絨帽子將大門塞住。

　　牠所做的還不僅於此，牠更拿自己的身體當作屏障。一番激烈的震動後，牠就死在牠的軀殼前面，直到乾枯。即使死了，牠仍堅守自己的家。

　　假如我們打開避債蛾的外罩，可以看到裡面留有蛹衣，除了蛾要出來的地方外，一點毀損也沒有。雄蛾要從這狹

避債蛾

這就是會走路的柴束的祕密，
牠是屬於避債蛾一類的柴束毛蟲
（Faggot Caterpillar）。

小的隧道出來時，牠的翅膀和毛是沉重的負擔。因此當牠還是蛹時，會拚命地往前鑽，在撞出琥珀色外衣後，就是一片開闊，牠就能展翅而飛了。

母蛾沒有翅膀也沒有絨毛，就不用這樣的奮力舉動了。牠的圓桶形身體是赤裸的，跟毛蟲相去不遠，要從裡面爬出來也不難。因此牠將自己的那層外衣，輕易地拋掉。這樣深謀遠慮的舉動，表現牠對卵未來命運的深切關心。為了周全地保護牠的卵，母蛾將所有的東西都留給了牠們，包括自己的蛹皮。有一次，我從一個茅草做成的外罩中，取出一只裝滿卵的蛹袋，將牠放在玻璃管中。在七月的第一個星期，我突然發現自己擁有一個避債蛾的大家庭。牠們孵化得很快，竟在我不注意的時候，全都穿上衣服了。

牠們穿的衣服，是由光亮的白絨毛做成的，樣子很像沒有帽纓的白色棉布睡帽。不過說來奇怪，牠們的帽子並不戴在頭上，而是從尾部豎起來，跟身體差不多垂直的樣子。牠們在管子裡快樂地蠕動，這可是小生物的寬闊住家啊！我決定要找出那頂帽子是用什麼材質做成的，以及它的製作過程。

還好，蛹袋裡還有第二個大家庭，數目和之前已經出去的差不多。我把那些已經穿衣服的毛蟲拿開，只留赤身裸體的新生兒在裡面。牠們的頭是鮮紅色的，身體的其他部分呈灰白色，身長不到 0.04 吋。

我並沒有等很久。第二天，慢慢地，這群小東西個別或成群地離開蛹袋，從母親在前端弄破的孔中出來。牠們一齊衝到柴枝外套旁，那是我所留下的，靠近裝有卵的蛹袋旁。小蟲們覺得事態緊急，在進入世界、開始打獵之前，一定要先穿上衣服。所以牠們全體一起攻擊老舊的外鞘，穿上母親的舊衣服。

　　牠們有的將注意力放在綻著裂縫的小碎片上，撕下裡面柔軟潔白的內裏。有的膽子很大，鑽進了空桿子裡，在黑暗中收集所需要的材料。牠們的勇氣當然有所回報，牠們拿到第一等的材料，並做出白亮的衣裳。也有一些，在鑽進自己所選擇的材料後，做出了雜色的衣服，雪白的衣服沾上了黑色的微小粒子。

　　小毛蟲做衣服的工具是牠們的大顎，形狀就像是一把刀片上有五個利齒的大剪刀。兩片刀刃很是吻合，雖然很小卻能抓住並裁剪任何纖維。在顯微鏡下看來，這個工具就像是個精確有力的器械，如果羊能有著這樣一個與牠身體成比例的工具，牠就可以吃樹幹而不是草了。

　　觀看這些避債蛾幼蟲辛勤地編織牠們的棉睡帽，是很有啟發意義的。有兩件事情可要注意，就是牠們完成工作的過程，以及牠們所運用的方法。牠們是那麼地細小，當我用放大鏡觀察牠們時，我必須小心我的呼吸，不然就會害牠們翻身或者被吹走。然而，這些小東西的確是製造毛

毯的專家。這些剛出生的孤兒，竟然知道如何從母親的舊衣裳上，剪裁出自己的服裝。

有些書上說，避債蛾幼蟲以吃牠們的母親開始自己的生命，我卻從未見過這樣的情況，也不知道這些想法是從何而來的。的確，牠為家庭、後嗣做了毫無保留的犧牲，唯一剩下的，就是乾扁的屍體，卻還不夠這些為數眾多的小蟲飽餐一頓。但是我的小蟲們卻是不吃母親的！從穿上衣服到吃東西的過程，我從未看過任何一隻小蟲，用自己的牙咬在死去的母親身上。

Ⅲ. 聰明的裁縫

現在，我要開始說一說小蟲的衣裳了。

避債蛾的卵在七月上旬孵化，幼蟲的頭和身體前部呈光亮的黑色，次兩節是棕色的，身體其他部分是淡琥珀色。牠們是生氣勃勃又有朝氣的小生物，用短促的腳步奔跑著。

牠們孵化後會先在母親留下的絨毛堆裡休息一會兒，這比起原來的孵化袋更寬敞舒適。牠們有些在休息，有些在練習行走，大家都在為了離開外鞘培養精力。牠們不會留在這個豪華的地方太久，只要牠們逐漸獲得精力就會爬到外面，散布著整個外鞘。牠們立即展開最急迫的工作，也就是為自己穿上衣服，然後才會想到食物。但眼前最重要的是就是衣服。

牠們從母親的衣服，也就是外鞘，取下適當的材料為自己做衣服。大部分會選用柴枝裡的木髓，特別是那些直裂開來的碎片，因為其中的木髓比較容易取得。牠們用我們難以想像的精巧方式製作衣服，牠們用那些取得的填塞物集成一個個微小的丸子，將丸子攏成一堆，再用絲線依次將牠們一個個綁起來。如你所知，毛蟲是可以自己吐絲出來的，就像蜘蛛能吐絲結網一樣。牠們用這種方式做了個花冠似的東西，也就是以絲線串連了一排纖維小丸子，等到夠長了，這個冠狀物就會繞在幼蟲的腰上，像條腰帶，外面留有六隻腳，好自由行動。

　　這個腰帶就是裁縫工作的起點與支撐。毛蟲繼續用大顎從外鞘上取出木髓黏上去，使面積增長擴大，終於完成一件外衣。開始的工作一旦完成後，就可以順利地進行紡織工作了。牠的腰帶會逐漸變成披肩、背心、短衫，後來成為長袍。幾個小時後，就成了一件雪白的大衣。

　　還好有母親的關懷，才讓這些幼蟲免去赤身裸體蠕爬的危險。若不是母親臨終前捨下舊外鞘，這些小蟲將很難找到衣裳，因為含有新鮮木髓的草桿和柴枝，並不是隨手可得的。不過，除非牠們在一個什麼都沒有的地方，否則遲早也會穿上衣服的，因為牠們會利用隨處得到的材料為自己穿衣。我也用試管裡的幼蟲做了幾回實驗。

　　牠們從蒲公英的莖裡，毫不遲疑地取出純白的菁髓，

將它做成一件美麗的斗蓬，比牠們母親留下的舊衣服所做成的還來得精緻。我還曾給牠們一張吸墨紙，這些幼蟲同樣毫不猶豫地刮下了纖維表面，做了一件紙衣服；牠們還非常喜歡這種材料，當我還給牠們原來的柴鞘時，牠們竟然不屑一顧，反而選擇那張吸墨紙。那些我什麼也沒給的小蟲，卻一點也不氣餒，牠們快速地爬去割削瓶子上的軟木塞，就這樣做了件軟木塞渣的長袍，感覺仍是非常完美，就好像牠們或牠們的祖先過去也曾用這種材料做衣服一樣。

我已經知道牠們可以接受任何乾、輕的植物纖維材料了，所以我改用動物及礦物的材料讓牠們試試看。我割下一片大孔雀蛾（Great Peacock Moth）的翅膀，將兩隻裸身的避債蛾幼蟲放在上面。牠們兩位遲疑許久後，其中一隻就決心要利用這張奇怪的地毯。不到一天時間，牠就穿起用大孔雀蛾翅膀上的鱗片做成的灰色絨衣。

後來，我又拿了一些軟石塊，只要輕輕一碰，它們就會粉碎如蝶翼上的粉末。我拿了四隻需要穿衣服的毛蟲，將牠們放在這個閃爍粉末鋪成的床上。有一隻決心要為自己穿衣服，但牠後來做成的這件像彩虹一樣絢麗的金屬衣，卻是華而不實的，美麗卻笨重，因此牠也行走的分外辛苦。

為了實際的需要，小毛蟲們也顧不得做些愚蠢的行為。正因為牠們太需要衣服了，所以與其光著身子，還不如穿上金屬織物好些。相形之下，吃的問題就沒那麼重要了。

廣告回函
台灣中區郵政管理局
登記證第267號
免貼郵票

晨星出版有限公司

407 台中市工業區30路1號

TEL：（04）23595820

e-mail：service@morningstar.com.tw

─────── 請對摺裝訂後寄出 ───────

姓　　名：＿＿＿＿＿＿＿＿＿＿＿＿＿＿＿＿＿＿＿＿＿

e-mail：＿＿＿＿＿＿＿＿＿＿＿＿＿＿＿＿＿＿＿＿＿

地　　址：□□□＿＿＿＿縣／市＿＿＿＿鄉／鎮／市／區＿＿＿＿路／街

　　　　　＿＿＿＿段＿＿巷＿＿弄＿＿號＿＿樓／室

電　　話：＿＿＿＿＿＿＿＿＿＿＿＿＿＿＿＿＿＿＿＿＿

我要收到蘋果文庫最新消息　□要　□不要

我要成為晨星出版官網會員　□要　□不要

我是 □女生 □男生　　　　　生日：＿＿＿＿＿＿＿＿＿＿＿

購買書名：＿＿＿＿＿＿＿＿＿＿＿＿＿＿＿＿＿＿

請寫下您對此書的心得與感想：

□我同意小編分享我的心得與感想至晨星出版蘋果文庫討論區。
　（本社承諾絕不會將您的個人資料外流或非法利用。）

貓戰士鐵製鉛筆盒抽獎活動

請將書條摺口的蘋果文庫點數黏貼於此，集滿3顆蘋果後寄回，就有機會
獲得晨星出版獨家設計「貓戰士鐵製鉛筆盒」乙個！

點數黏貼處

活動詳情 http://www.morningstar.com.tw

如果先將牠餓上兩天，又搶去牠身上的衣服，最後將牠放在喜歡的食物——一片菊科葉子上面，牠還是會先做一件新衣服，然後才去填飽肚子的。

牠這麼渴望穿衣服，並非特別怕冷，而是這種避債蛾科毛蟲的先見。別種毛蟲一到冬天不是躲在厚樹葉裡、地底下，不然就是樹幹的裂縫中，但只有避債蛾科的毛蟲是毫無遮掩地過冬，所以牠從有生命開始，就要先預防寒冬的危機。

當小毛蟲受到秋天雨水的威脅時，就會開始做外面那層柴鞘。起初做得很潦草，參差不齊的草桿子和一片片枯葉，凌亂地黏在頸圈後的內衣上。這些第一批不整齊的外鞘材料，並不會影響整件衣服後來的一致性，當長袍上面再加上更長的材料後，原來的材料就會被蓋在裡面了。

一段時間過後，牠會更加留意選擇所有的材料，並將它們直排下去。牠鋪置柴枝草莖的敏捷及精細，實在令人訝異。牠將這些東西放在腿間不停搓捲，再以大顎緊緊含住，削去一些尾端部分，立即將這些材料給貼起來。削去尾端的作法就像是鉛管工匠在鉛管尾部銼去一點，好讓焊接能更加結實一樣。

在牠還沒將材料放到背部前，會先用顎的力量將材料豎起，並在空中舞動，吐了口絲以後就開始工作，將材料黏到適當的地方，也不用再摸索或修正了，等到寒冷天候

來臨時，溫暖的柴鞘也已經做好的。

可是內部的那層絲絨，毛蟲還是覺得不夠厚。春天到來時，牠就會利用時間做些改善，讓內裏更厚實、柔軟。就算我們將牠的外鞘移開，牠也不再製造新的了，只會在裡層一層層地加厚。沒有了外鞘，這件長袍簡直鬆軟得可憐，寬鬆多皺，既無保護也沒有遮蓋，但避債蛾也不覺得重要了。做木工的時間已經過了，現在是裝潢室內的時候了；牠一心填補室內的墊子，也就是牠的長袍，但牠已經失去房子了！牠將會可憐地死去，螞蟻會將牠咬得粉碎，而這就是牠過於固守本能的結果。

第 10 章
西班牙蜣螂

你應該還記得聖甲蟲吧！牠做的圓球可以當食物，又可以當梨形巢基礎。我也說過梨形巢對小甲蟲有些什麼好處，因為球狀物是保存食物不乾硬的最佳形狀。

經過長期觀察這種甲蟲，我開始懷疑自己是否錯誇了牠們。牠真的是因為要照顧幼蟲而為牠準備了最柔軟合適的食物嗎？如果聖甲蟲擅長做球，那麼在地底做個球不也是件很棒的事嗎？牠的腳又長又能彎曲，對於在空地上滾球是很有幫助的，牠只是在每個地方都做著自己喜歡的工作，並不是考慮到自己的幼蟲。也許將窠巢做成梨狀只是湊巧罷了！

為了解決我心中的這個疑問，我必須去觀察一種清道夫甲蟲（Scavenger Beetle），牠在平日並不很會做球，然而到了產卵期，卻突然改變平常的習慣，將所儲存的食物都做成圓圓一團。由此可知，那不僅是一種習慣而已，甲蟲是真的為了幼蟲，而將窠巢做成梨狀。

在我們這裡就有一種清道夫甲蟲，雖然不如聖甲蟲令人印象深刻，但牠可是甲蟲中最英挺魁梧的。牠的名字是

西班牙蜣螂（Spanish Copris）。牠最顯著的特點，就是陡斜的胸部，以及高高立在頭上的獨角。

西班牙蜣螂體型圓胖，不適合做聖甲蟲所做的運動。牠的腿也不大受用，只要稍被驚嚇就會縮在身體下，一點都不像會搓丸子的甲蟲。牠矮小和缺乏柔軟性的樣子，足以告訴我們，牠是不會滾動圓球走的。

的確，西班牙蜣螂不是活潑的生物。每當牠在夜晚或日暮找到食物時，就會在原地點掘個洞。那個洞穴很粗糙，大概可以藏下一個蘋果。在這裡，牠會漸漸裝入正好在頭頂上或洞口的食物。大量的食物亂七八糟地堆在一起，這證明了西班牙蜣螂是很貪吃的！這些糧食可以吃多久，牠就會在裡面待上多久，等到整間倉庫都空了，牠才會出來找食物並挖掘另一個洞。

牠是清道夫，也是肥料收集者。此時牠對搓圓球的技術還是很外行的，而且牠短笨的腿，也很不適合做這件事。五、六月，產卵的時候到了，牠會為牠的孩子準備最柔軟的食物，只要一發現好東西，牠就會一捧捧地抱進準備產卵的洞裡。這些洞穴比牠自己吃東西時臨時挖的穴來得寬敞細緻。

在野外想要仔細觀察西班牙蜣螂是很困難的，所以我將牠放在我的昆蟲屋裡，讓我可以方便觀察。

起初，這隻可憐蟲因為被俘虜而有些膽怯，牠雖然做

好了洞穴，但在出入時還是提心吊膽的。但漸漸地，牠膽子大了，就在一夜間將我給牠的食物全部儲藏起來。

過了約一個星期，我將昆蟲屋裡的土挖開來，露出了牠藏食物的洞穴。這真是個大廳堂，雖然廳頂部分不很整齊，但地面都很平坦。在邊角上有個圓孔，可以通到傾斜的走廊，這條走廊是直通到地面上的。這個地方的牆壁，曾經很仔細地被壓過，足以抵抗我在實驗時故意引起的震動。我們很清楚地看得出，西班牙蜣螂用盡牠所有的技能及力量，為了打造這個永遠的家。至於牠自己吃東西的地方，卻只是一個牆壁做得並不堅固的土穴。

當牠建造這個大地方時，我想，牠的雄性伴侶一定在旁幫忙，因為我常看到牠們一同在洞裡。牠們也應該會一起儲藏食物，但當洞穴裡堆滿食物後，牠的伴侶就回到地面上，到別處去了，牠對家庭的任務到此告一段落。

在那儲藏食物的地方，我看到的是一小塊一小塊的堆積嗎？不，我只看到很大一塊的堆積。除了一條小路外，整個房間都被塞滿了！

這團東西沒有一定的樣子，大概有火雞蛋大小。有的像洋蔥一樣，有的差不多是圓的，讓我聯想到荷蘭的圓形硬乳酪。然而，無論像哪種東西，它的表面都很光滑，而且有精美的曲線。

蜣螂母親將一次又一次帶下去的東西，收集起來搓成

一大團。牠的作法是將這些東西搗成許多小塊，聚集在一起，然後再將它們踏實，使它們變成一大塊。好幾次我看到蜣螂在這個巨大的球頂上，兩個相較之下，牠就只像是個小彈丸。有時牠也會在直徑約四吋的凸面上徘徊拍打，使這個大東西堅固平坦。但我只見過一次這樣的景象，因為牠一看到我，就立刻滾到彎曲的斜坡下消失無蹤了。

我在一排黑紙遮蓋的玻璃瓶裡，發現許多有趣的事。我發現大球的形狀通常是有規律的，雖然弧度大小不一，它也不是滾動所造成的。因為西班牙蜣螂絕對不可能在差不多被球塞滿的洞裡滾這個球；此外，這種昆蟲的力量也不夠推動這麼大一個球。

每次我觀察瓶裡的動靜，都得到相同的答案。母蜣螂常爬到球上，摸摸這裡，又感覺那裡的，輕輕拍打想使它光滑，不過我沒看過牠有移動這個球的意思。顯然這個球形物並不是用滾動做成的。

那它是如何成型的呢？西班牙蜣螂竭力將食物抱在短臂裡，只用壓力將它做成圓形——有人會覺得，牠的體型並不適合做這樣的工作。牠莊嚴地在這不成型的東西上爬上爬下，一會兒向左一會兒向右，耐心地一再觸摸著。經過一天以上的工作，原來都是稜角的一塊，已變成了梅子般大小的漂亮圓球。在這幾乎沒有轉圈餘地的狹小工作室裡，這位藝術家完成了牠的作品，卻絲毫沒有將它搖動一

下。經過一段相當的時間與耐心，牠將它做成了一個勻整的圓。以牠笨拙的工具與有限的空間看來，這似乎是不可能的事。

接著，牠長時間有感情地用足摩擦圓球的表面，直到牠滿意為止。牠爬到球頂上，慢慢地壓，壓出一個淺淺的凹穴來，並在這樣的盆狀穴裡產下一個卵。

然後，牠小心翼翼地將盆穴的邊緣仔細掩上，用以遮蓋剛剛產下的卵，並將卵的邊緣往上擠，使它略微變細並突出。最後這個卵就會變成橢圓形或蛋形了。

牠在洞裡藏了三、四個蛋形球，彼此緊緊相靠，細窄的那一端朝上。螳螂經過長期的斷食後，我們會以為牠大概會像聖甲蟲一樣出去找食物。實際上沒有，牠只守在那裡動也不動。從鑽入地下後，牠什麼都沒有過，也不肯去碰一碰牠為小孩準備的食物。牠寧願自己挨餓，也不願幼蟲們受苦。

牠不肯出去的的原因，當然是為了看顧這幾個搖籃。聖甲蟲的梨狀物，有時會因為母親離去而有毀損，不多久就破裂，呈魚鱗狀腫脹起來，久了就不成形狀了。但西班牙螳螂的窠，卻因為母親一直守護著，所以始終保存完好。牠會從這個窠跑到那個窠，不時地看看它們，修修它們。即使我們肉眼看不到哪裡有問題，牠還是可以在黑暗中感覺些微的破裂，並立刻前去修補，唯恐空氣滲入，而使牠

的卵變乾了！牠在搖籃與搖籃之間的狹窄道路裡來去，仔仔細細地看護著。如果我們擾亂牠，牠就會用身體的前端摩擦鞘翅的邊緣，發出柔軟的沙沙聲，就像是在喃喃地抱怨著。

西班牙蜣螂在地底下享受著昆蟲難得有的特權，也就是照顧家庭的快樂。牠聽見幼蟲在殼裡爬動，努力爭取自由；並在這裡看著孩子從牠精心做成的窠中破繭而出。當這些小俘虜們伸直了腿，彎著背想要推開牠們身上的天花板，母親就很可能助牠們一臂之力，從外面幫忙打開。但我不確定這件事對不對，因為我還沒看過西班牙蜣螂這樣的舉動呢！

也許，這個母親是因為被關在瓶子裡，失去行動的自由，才會守在這些窠旁。但這些工作對牠顯然很自然，就像牠已習慣。假如牠急著想恢復自由，一定會在瓶子裡不得空閒地爬上爬下，但我看牠總是很冷靜沉著！

為了確定這件事，我在不同時間隨時去觀察這些瓶子。如果牠要休息，可以隨時鑽進沙土裡；如果牠要吃東西，也可以出來取得新鮮食物，但無論是休息、日光或食物，都不能讓牠離開家裡半步。牠只是在那裡坐鎮，直到最後一個窠破裂。我看牠總是靜坐搖籃旁。

大約有四個月時間，牠什麼也沒吃。牠已經不像起初不必照顧家庭時那樣貪吃了，此時牠對長期斷食有很高的

自制力。母雞會因為孵蛋而停食好幾個星期；蜣螂也會為了照顧子女，忘記吃喝長達三分之一年。

夏天過去了，人類與牲畜所渴望的雨終於落下，並在地上積了一灘灘水。我們普羅旺斯乾燥酷熱，令人不安的夏季過後，涼爽的季節也讓一些生物復活了。西班牙蜣螂也跑到地面上來了，享受一年中最後的好天氣。

大約有三到五個蜣螂小朋友和媽媽一起來到地面，兒子的角比較長，很容易就能分辨；女生就跟媽媽沒什麼差別了。因此，牠們自己也很容易混淆。不久，還有一種突然的改變也會發生：以前犧牲奉獻的母親，現在對孩子與家庭利益也不再關心了。從此，牠們就要分道揚鑣，不再相互照應了。

儘管蜣螂媽媽此時已對家庭漠不關心，但我們卻不能忘了牠四個月的細心看顧。在昆蟲界裡，除了蜜蜂、黃蜂、螞蟻等少數幾種能養育兒女，關心牠們的健康直到牠們長大，就我所知，沒有其他昆蟲能像西班牙蜣螂一樣無我地照顧家庭的了。牠獨自一個毫無奧援地為孩子預備食物、修補窠巢、維護搖籃的完整與安全。牠的感情如此深厚，使牠失去所有慾望與對食物的需要。牠在黑暗裡看顧孩子長達四個月，看護著卵、小蟲、幼蟲，直到牠們變為成蟲，在子女還未解放之前，牠決不回野外過快樂的生活。我們在笨拙的西班牙蜣螂身上，看到了母愛的光輝。

西班牙蜣螂 ————————————————

牠在洞裡藏了三、四個蛋形球，
彼此緊緊相靠，細窄的那一端朝上。

第11章
兩種奇特的蚱蜢

I. 恩布沙（The Empusa）

　　大海是生物最早出現的地方，直到現在，深海裡還是有很多稀奇的動物，牠們都是動物王國最早的標本。但在陸地上，許多早期的生物都已經絕跡了，少數遺留下來的大多都是昆蟲。蟑螂就是其中之一，而另一種就是恩布沙（Empusa）了。這種昆蟲在幼蟲時代，可以說是普羅旺斯省最奇怪的生物了。牠是一種細長而且搖擺不定的奇形昆蟲，還不習慣牠的人一定不敢用手去碰牠。我們附近的小孩，對牠奇怪的模樣印象深刻，都喊牠叫「小魔鬼」，想像牠應該跟巫術有些關連。從春季到五月或秋天，有時在陽光溫暖的冬天，我們常可以看到牠，儘管牠們從不成群出現。荒地上堅韌的草地與陽光照耀並有石頭堆遮風的矮樹叢，都是怕冷的恩布沙喜歡的住所。

　　我盡我所能描述牠的外表：牠身體的尾部常向上捲起，形成一個彎鉤；身子的內側，也就是彎鉤的上面，長著一種尖尖的葉狀鱗片，共有三排。這個彎鉤架在四隻細長如

高蹺的腿上；大腿與小腿的連接處，有一彎跟屠夫肉刀相似的突出刀刃。

恩布沙彎鉤似的身體架在四隻細長的腳上，就像是一張四腳板凳。板凳前面有個長長而且幾乎垂直的胸部突起，圓圓細細的像根稻草一樣。稻草的末端，有著非常類似蟑螂的狩獵工具，上面有把比針還尖的魚叉，還有可怕的鉗子、長著像鋸子的齒。上臂的鉗口中有一道溝，兩面各有五支長釘，長釘上也有著小鋸齒。前臂的鉗口也有同樣的溝，但鋸齒更精巧緊密而且整齊。每當牠休息的時候，前臂的鋸齒就會嵌在上臂的溝裡。如果這部器械再大一些，那真是可怕的刑具。

牠的頭部也很奇怪，尖尖的面孔，捲曲的鬍鬚，巨大突出的眼睛；在眼睛中間，有短劍似的鋒口。前額有種從未見過的東西，像是一頂高高的僧帽，一種向前突出的頭飾，向左右兩邊對分，就像是尖起的雙翼。為什麼這「小魔鬼」要戴著像古代占星家所戴的奇怪尖帽呢？它的用途，我們等一下就會知道。

當恩布沙還小時，牠的顏色大多是灰色的，漸漸長大後，就會裝飾著淡綠色、白色和粉色的條紋。

如果在森林裡遇見這奇怪的小東西，牠會在牠的四支高蹺上搖動身體，頭部向你不停地擺動，轉動著牠的僧帽回頭偷看。你會在牠的尖臉上，看到惡作劇的神情，但是

當你要伸手捉牠的時候，這種恐嚇的姿勢就會消失。牠原本高聳著的胸部低了下來，然後邁開大步逃開，同時還會利用牠的武器握住小樹枝。但如果你眼睛夠快，還是能輕易地將牠捉到鐵絲籠子裡。

起初，我不知道如何餵牠們。我捉到的「小魔鬼」很小，頂多只有一、二個月。我拿一些小蝗蟲給牠們吃，「小魔鬼」非但不要而且很害怕。任何一隻搞不清楚狀況的蝗蟲溫和地走近牠們時，都會受到很壞的待遇。恩布沙的尖帽子低下來憤怒一觸，就會使蝗蟲跌倒滾開。由此可知，這頂巫師的帽子是牠自衛的武器。就像公羊用牠的前額衝撞敵人，恩布沙也用牠的帽子來抵撞。

第二次，我給了牠一隻活蒼蠅，牠立刻就接受了這份饗宴。當蒼蠅靠近牠的時候，守候著的「小魔鬼」轉過頭來，彎曲了胸膛，給蒼蠅猛然一叉，將牠夾在兩把鋸子中間。就算是貓撲老鼠也沒那麼快。

令我感到訝異的是，一隻蒼蠅不僅供給牠一餐，甚至也夠牠整天或好幾天食用了。這樣看似凶神惡煞的昆蟲，其實吃得不多。我原以為牠真的是什麼妖魔，後來發現牠們的食量就像病人一樣小。一段時間後，蒼蠅也無法引發牠的食慾了，因為冬天的幾個月，牠是完全斷食的，到了春天才需要再準備一些粉蝶和蝗蟲；牠和蟑螂一樣，總是先向俘虜的頸部進攻。

小恩布沙在籠子裡有一種很特別的習性，牠的姿態自始至終都是一樣奇怪的。牠將四隻後腳的爪緊抓著鐵絲，分毫不動地倒掛著，背部朝下，整個身體就掛在那四個點上。如果牠想移動，就會將前面的魚叉張開，向外伸出去，抓緊另一些鐵絲，再將身體拉過去。這種方法使牠們能在鐵絲上移動，並保持背部向下的樣子。動作完成後，牠的叉子又會收回併在胸前。

　　要是我們維持這種倒掛的姿勢絕對會很難受，牠卻可以掛上好長一段時間。在鐵絲籠裡，牠的這種姿勢可以維持十個月以上，絲毫不用休息。蒼蠅在天花板上也是採用這種姿勢的，但蒼蠅還會休息。恩布沙卻完全沒有，牠背部朝下掛在網上打獵、吃食、消化和睡眠，經過了生命中所有的體驗，一直到死亡。牠爬上網子的時候還小，等老了掉下來時，已成一具屍首了。但要注意的是，這只是牠被關在鐵籠裡的習慣；如果是在戶外，牠大多數的時間總是背脊向上地立在草上。

　　大約在五月中旬，恩布沙已發育完全。牠的體態和外表甚至比螳螂還令人注目。牠保留著幼年時的怪樣子：垂直的胸部、膝上的武器和身體下的三行鱗片。但牠的身體已經不再彎曲，看來也漂亮多了。淡綠色的大翅膀，粉色的肩牌，飛行敏捷，下面的身體裝飾著白綠相間的條紋。雄性恩布沙是個花花公子，牠和一些蛾一樣，用羽毛狀的

觸鬚裝扮自己。在春天，農人看到恩布沙時，總以為看到了蟑螂——秋天的女兒。牠們的外表很像，人們也會以為牠們的習性相去不遠。尤其因為恩布沙奇特的盔甲，人們會以為牠比蟑螂來得兇惡，可這種想法是錯誤的，儘管牠看來總是好像要打架的模樣，牠卻是種溫和的生物啊！

將牠們關在鐵籠子裡，無論數量多少，牠們從來不曾打過架，甚至到了發育完全後，食量仍然很小，每天只要一兩隻蒼蠅就夠了。食量大的生物當然喜歡爭鬥，小食量的恩布沙是和平愛好者，牠從不和鄰居爭吵，也不像蟑螂一樣裝出怪模樣去恐嚇對手，不突然展翅、也不像蛇一樣吐信，牠不曾吃過自己的族類，也不會像蟑螂一樣吞食自己的丈夫。雖然這兩種昆蟲的器官完全一樣，在個性上卻截然不同。

恐怕還是有人要問，這兩種昆蟲形狀相去不遠，應該也有相同的生活需要，為什麼一種如此貪食，一種卻又那麼節制？如同其他昆蟲一樣，牠們自身的生活形態告訴了我們：嗜好和習性，並不全然基於生理結構。在決定形體的定律之上，還有著決定本能的定律存在。

II. 白面螽斯（white-Faced Decticus）

在我們這裡的白面螽斯，無論在歌唱方面或宏偉的風采上，應該算得上是蚱蜢中的翹楚！牠有著灰色的身體，

一對強而有力的大顎，以及象牙白的寬大臉孔。要抓牠並不很難，只是這種昆蟲不多見。在夏季最炎熱的時候，我們可以看到牠在長草上跳躍，特別是在向陽的岩石下，松樹生根的地方。

希臘字 Dectikos（即白面螽斯 Decticus 的語源）的意思是咬、喜歡咬。白面螽斯蟲如其名，牠的確是種擅於嚼咬的昆蟲。假如這種強壯的蚱蜢捉住你的手，你可得當心一點，牠可會把你咬得流血啊。我們捕捉牠時，要特別小心牠強而有力的大顎。牠的顎和兩頰突出的咀嚼肌肉，很顯然地是要用來對付牠的強敵的。

在我的籠裡，我發現蝗蟲、蚱蜢等新鮮的美食牠都會吃。藍翼蝗蟲（blue-winged Locust）更是牠最常吃的美食。當我將食物放進籠裡時，常會引起一陣騷動，特別是白面螽斯發餓的時候。牠們一步步笨重地前進，因為牠們的小腿很長而且動作並不敏捷。有些蝗蟲會立刻被逮，有些則急跳到籠子頂上，逃出白面螽斯的勢力範圍，因為牠的身體笨重，無法爬得那麼高。不過蝗蟲只是在苟延殘喘而已，只要牠累了或被下面的綠色食物所誘惑，從上面下來，就會立即被白面螽斯給逮著。

這種螽斯雖然不很聰明，卻也有著一種科學的捕獵方法。如同我們在其他地方見到的一般，牠會先刺捕對方的頸子，咬住牠的運動神經，使對方立刻失去抵抗力。這是

個聰明的方法，因為蝗蟲並不好殺，即使牠的頭斷了還是能跳的。我曾見過幾隻蝗蟲，雖然已經被吃掉一半了，還是能不顧一切地亂跳，並成功地脫逃。

這種螽斯如果數量多一點，對農人會有相當的益處，因為牠們嗜吃蝗蟲和一些對農作物有害的蟲。但現今，牠的數量已經越來越少了。我對牠很有興趣，因為牠可是遠古時代留下的紀念物啊！牠使我們約略知道古生物的一些習性。

感謝白面螽斯，牠讓我瞭解關於小螽斯的幾件事情。牠並不像蟑螂，會分泌泡沫狀的膠質，把一粒粒的卵包裹起來；也不像蟬，將卵產在樹枝的縫隙中。白面螽斯將卵像植物種子一樣種在土壤裡。

雌性白面螽斯的尾部有一種器官，可以朝土壤挖一個小小的洞。在這個洞裡，牠產下一些卵，把洞旁的土弄鬆，並用這種器官將土填入洞中。然後牠會在附近散步休養，不多久又回到原先產卵的地點 —— 這個地方牠記得很清楚 —— 重新開始工作。一小時內牠大概會重複相同的動作五次，而牠產卵的地點都是很接近的。

我觀察這些小穴，裡面只有卵沒有任何巢室或外鞘做保護，總數約有六十個，淡紫灰色，樣子像是梭子一般。我很想觀察卵孵化的情形，於是在八月底，我取來許多卵，將牠們放在鋪有一層沙土的玻璃瓶中。牠們在裡面度過八

白面螽斯

希臘字 Dectikos 的意思是咬、喜歡咬。

白面螽斯蟲如其名，牠的確是種擅於嚼咬的昆蟲。

個月的時間，感覺不到氣候變化的痛苦；瓶子裡也沒有戶外必須遭遇的風暴、大雨和豔陽。

六月來臨了，瓶子裡面的卵還沒有孵化的徵兆。仍然和我九個月前拿回來一樣，沒有皺褶或變色，反而有著健康的外觀。然而在六月的時候，我就常在原野裡看到小螽斯，甚至都長得很大了。因此，我很納悶，究竟是什麼原因將孵化的時間延遲了？

我推敲出一個道理來。這種螽斯的卵就像種子般種在土裡，應該是毫無保護地暴露在雨雪中的；而瓶子裡的卵，卻在比較乾燥的狀況下過了八個月。因為牠們如種子般播種著，孵化的時候大概也像種子一樣需要潮溼吧！我決定一試，將那些卵分一些放在玻璃管內，加上薄薄的一層細沙後，再以溼棉花將玻璃管塞好，以保持空氣裡的溼度。任憑誰看了我的實驗，一定以為我是在做種子的實驗。

我想的果然沒錯，在溫暖潮溼的環境下，卵不久就出現了孵化的徵兆。卵漸漸脹大，表殼分明就要裂開了。我花了兩星期的時間，片刻不敢鬆懈地守候著，想親眼目睹小螽斯從卵裡孵化出來的樣子，好解決縈繞在我心中已久的問題。

一般而言，這種螽斯是埋在地下約一吋深的地方。新生的小螽斯和成蟲一樣，有著頭髮一樣細的觸鬚，身後帶著兩條異常的腿，像兩支跳躍的撐竿一樣，平日行走很不

方便。我很想知道，這弱小的生物是如何帶著這笨重的行李出生的？中間的過程又是如何呢？

　　我之前曾說過，蟬和蟑螂孵化的時候，都穿有一層保護物，像一件大衣。我猜想這種小螽斯也應該會有吧！我的推測沒錯，白面螽斯幼蟲也和某些昆蟲一樣穿著外套，這肉白色的動物被包覆在一個鞘裡，六隻腳平放在胸前；另一個看來不便的器官──觸鬚，也包在袋裡面。牠的頭彎向胸部，兩個大黑點是牠的眼睛，毫無生氣而且腫大的臉，讓人以為是牠的頭盔。從後面看來，牠的頸部很寬大，有些微微跳動的筋脈。由於這些跳動的筋脈，小螽斯的頭部才能轉動。牠用頸部推開潮溼的沙土，挖個小洞。於是，牠的筋脈開展，形成一個瘤狀物，緊緊塞在洞裡，這使得小蟲在移動背部和推動泥土時，能有足夠力道。如此一來，這個動作已經成功。瘤狀物每回脹起，對於幼蟲在洞裡的爬動很有幫助。

　　這可憐柔軟的小東西，身上還沒有顏色，就移動牠腫脹的頸部，在肌肉還沒強健以前，就和硬土作戰。不過牠的抗爭還是成功了！一天早上，這個地方已有小小的通道了，不是直的就是彎的，深約一吋，寬如稻草。這小蟲就這樣爬到地面上了！

　　在尚未完全離開土壤前，這個小戰士先休息了一會兒，好恢復這次旅程中所喪失的體力。然後再做最後一次努力，

盡可能地膨脹頸上的筋脈，突破一直以來保護牠的鞘，脫去牠的外衣。

這隻小螯斯還是蒼白的，但在第二天開始，顏色會越來越黑，成蟲螯斯看起來就跟黑炭一樣。牠的大腿下面有一條窄窄的白色紋路，這就是牠成熟期有著象牙白臉孔的前奏。

許多小螯斯會在尚未得到自由之前就疲倦而死。在我的玻璃管裡，我看到好多受到沙粒的阻礙，半途而廢放棄的幼蟲，牠們身上長了一種絨毛，霉菌迅速地占領牠們可憐的小身體。如果沒有我的幫忙，牠們奔向地面的旅程一定更加危險，因為室外的泥土被太陽烤得更加粗糙。

這些有著白條紋的黑小鬼，在我給牠們的萵苣葉上啃咬，在我給牠們居住的籠子裡快樂地跳躍，我很容易就能養牠們。不過由於我的觀察已經告一段落，我還給牠們自由，以報答牠們帶給我知識的恩惠。

牠們讓我知道，蚱蜢在離開產卵地時，是如何穿著一件臨時的外衣，並將身上最笨重的部位，好比腳和觸鬚等都包在鞘裡面。牠也讓我知道，這種只能略微伸縮身體、木乃伊模樣的生物，為了到地面旅行之便，頭頸上長著一種球狀腫脹筋脈。這只是牠原生時的小器械，等牠長大了，就不再用這個幫助牠前進了。

第 12 章
黃蜂

I. 黃蜂的聰明與愚昧

　　九月的某一天，我和我的小兒子朱爾一起到野外觀察黃蜂窩，朱爾的好視力和專注力給我很大的幫助，我們饒有興味地注意著小徑旁的動靜。

　　朱爾突然大喊，黃蜂窩！黃蜂窩！我敢肯定沒錯！因為二十碼之外，朱爾看到一些從地上升起的東西，突然直衝上來後飛去，一隻接一隻飛得好快，就像是草堆裡有個小火山口，將牠們噴出來一樣。

　　我們謹慎地靠近那裡，唯恐引起這些凶猛動物的注意。在牠們住所的門前，有個拇指般大小的圓形開口，同一窩的蜂來來去去，熙熙攘攘地擦肩忙碌飛過。我怕如果太靠近觀察牠們，會激怒這些戰士引發攻擊，所以就在那裡做下記號，等傍晚左右再來，到時候蜂窩裡的居民，應當都從田野回家了。

　　如果不小心謹慎，想征服一個蜂窩簡直就是個大冒險。半品脫的石油，九吋長的蘆葦桿和一塊堅硬的黏土，這些

就是我的武器。經過幾次小成功後，我覺得這些東西是最簡單也最好用的。我採用讓牠們窒息的方法，因為我不希望自己付出昂貴的代價。貿然地將一個住滿黃蜂的黃蜂窩放到玻璃箱裡做觀察，必定會被叮得滿身包。在摘蜂巢之前，我仔細想過幾次，後來終於採取將牠們窒息的方法。死的黃蜂不能叮人，這方法雖然殘忍對我卻很安全。

　　使用石油是因為它的作用不會過於猛烈。因為需要觀察，我需要留下一些活口。問題是要如何將石油灌進蜂巢裡？這節蘆葦桿可以派上用場。將它插入黃蜂巢的隧道時，它就像根自來水管，讓石油快速地流入土穴，一滴不漏。緊接著將那塊捏好的泥土，像瓶塞一樣將它塞進出入的通道。接下來就只有等待了。

　　當我準備這項工作時，是在有著昏黃月色的九點鐘。朱爾和我一起去，我們帶了一盞燈和那些工具。當時，農家的狗在遠處吠叫；貓頭鷹在橄欖樹上低鳴；蟋蟀在草叢中持續地奏著交響樂；朱爾和我則談論著昆蟲。他興致勃勃地問我許多問題，我將自己所知的都告訴了他。這樣快樂的狩獵黃蜂之夜，讓我們忘了睡覺和可能被黃蜂螫的危險。將蘆葦桿插入土穴是需要技巧的，因為我們不知道蜂窩裡通道的方向，所以有些猶豫；而且黃蜂的守衛室裡有時也會飛出來螫侵入者的手。為了預防被螫的事情發生，我們其中一人會以手帕揮趕敵人。

石油流到土穴內之後，我們聽到裡面有群眾狂亂的喧鬧聲，很快地我們用泥巴將穴口封起來，在上面踏上幾次使它牢固一點。現在沒有其他事需要做了，所以我們就先回家睡覺。清晨，我們帶了一把鍬一把鏟重回此處。早點過去是比較好的，因為有些在外過夜的黃蜂，也許會在我們挖土的時候回家。清晨的冷空氣，會讓牠們比較沒有攻擊力。

在通道的入口前——蘆葦桿還插在那裡——我們挖掘一條壕溝，寬度可以讓我們在裡面自由活動。然後我們很小心地把溝道一片片剷著，差不多二十吋深的地方，蜂巢就露出來了，它懸掛在土穴的屋脊上，毫無損傷。

這真是個壯觀的建築！它的大小像一顆南瓜，除了頂上的一小部分外，其他各處都是懸空的。它的頂上還有許多植物的根鬚，穿過厚厚的牆壁，將蜂巢繫得很穩固。在有石沙的部分，黃蜂在挖掘上會有一些困難，所以樣子或多或少就會比較不整齊。

在紙巢（papernest）和地下室的中間，常留有一個手掌寬的空隙。這個空間是寬廣的街道，這些建築工在這裡可以行動無礙地繼續工作，擴大並加強牠們的窩巢。蜂巢的下面有一個更大的容納空間，像一個大圓盆似的，這裡可以增建擴大蜂巢。這個空凹處，也充當著廢物棄置所。

用不著懷疑，這個凹處的確是黃蜂自己掘的，因為這

麼大又整齊的洞很難有現成的。最先的建立者，也許利用了鼴鼠挖的穴，幫助自己開始建設；但大部分的工作應該還是黃蜂做的。可是入口的地方怎麼沒有一堆堆泥土呢？那些泥土都搬到哪裡去了？

那些土已經被丟散到沒人會注意的寬廣地面了。上千隻黃蜂都參與了挖掘的工作，並在必要時將它擴建。當牠們飛出地面時，每一隻都會帶著一些些泥土出去，然後將泥土丟在離牠們蜂巢有段距離的地方，所以在蜂窩附近就完全不著痕跡了。

黃蜂的巢是用一種很薄卻很有彈性、像是牛皮紙的材質所做成的，它的原料是木屑。上面有一些條紋，因為木頭種類不同而顏色也有所不同。如果是用一整張做成的，就不會有禦寒的效果。但黃蜂就像是做氣球的人一樣，知道如何利用各層外殼中的空氣保溫。所以牠們將紙漿做成寬寬的鱗片狀，一片片鬆弛地擺了許多層。整體就變成了一張粗糙的毛毯，厚而多孔的材質，內含了許多不流動的空氣。在大熱天裡，這層遮蔽物內的溫度一定像熱帶雨林一樣。

兇悍的大黃蜂，也就是黃蜂們的領袖，以同樣的原理建築自己的巢。在柳樹的樹洞中，在空盪盪的穀倉裡，牠用木頭的碎片，做成了易碎、帶著條紋的黃色紙板，並以這種材料包裹自己的巢，一層層地交錯疊起，就像是寬闊

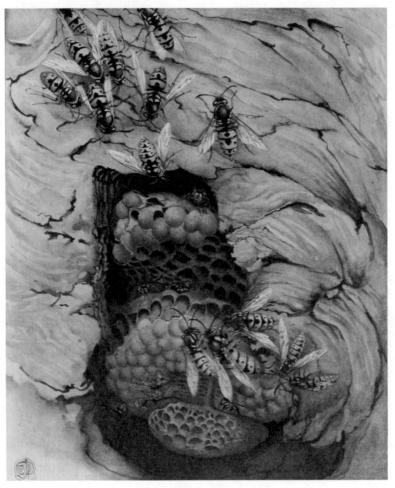

黃蜂

黃蜂的巢是用一種很薄卻很有彈性、
像是牛皮紙的材質所做成的,
它的原料是木屑。

突起的大鱗片。紙板間會有很多停滯不動的空氣，可以讓窠巢保溫。黃蜂的行動常常會利用到物理和幾何的定理。利用空氣這種不良的導體，保持家居溫暖，牠們的巧思比人類會作毛毯的歷史還早。牠將窠巢的外牆做成奇巧的樣子，所以只要有小小的外圍，就能在裡面造出很多房間。牠的巢室也是一樣，節省了很多空間和材料。

　　這些偉大的建築師是如此的聰明，然而我們卻會很驚訝，當牠們遇到小困難的時候卻如此愚笨。一方面，牠們的本能讓牠們做出科學家般的舉止；另一方面牠們卻顯然沒有反省能力。經過多種的實驗後，我相當確定這一點。

　　黃蜂剛好將巢建在我家圍牆內的一個走道旁，讓我能用玻璃罩做個實驗。在野外我不能用這種工具，因為那些鄉下小孩很快就會砸碎它。有天晚上，當黃蜂已經回家，我將泥土撫平後，用玻璃罩罩住通道入口。第二天早晨，陽光照在玻璃罩上，這些小工人從地面飛起，急忙出去尋找食物，卻成群地撞在透明的玻璃罩上後摔下去，再次飛了上來，在那裡慌忙地亂轉。有些飛得累了，就暴躁地胡亂漫遊著，然後重回牠們居住的地方。有些在太陽光更強後，代替剛剛那一批出來，卻沒有任何一隻會用腳沿著玻璃罩抓。這表示牠們根本不懂得如何脫逃。

　　此時，少數幾隻在外面過夜的黃蜂從外面回來了。牠們圍繞著玻璃罩飛舞，一再遲疑後，終於有一隻決定去挖

掘玻璃罩的邊緣，其餘的也跟著有樣學樣，一條通道很快地就開出來了，那些黃蜂也溜了進去。我用泥土將這條通道堵住，假如牠們看得到這條小路，裡面的黃蜂當然會跟著跑出來，我當然也希望其他的黃蜂可以獲得自由。無論黃蜂的理解力如何薄弱，我想牠們現在是可能逃走的，剛剛進去的那一些伙伴會指引一條路出來；牠們會告訴其他的伙伴在玻璃下的牆挖個洞就好啦。

我好像太快下結論了。牠們好像一點也沒有從經驗和前例中學習的表現。牠們在玻璃罩裡，毫無挖掘地道的意圖，只是束手無策地在裡面亂飛。牠們魯莽地撞著，每天都有很多黃蜂死於飢餓和酷熱。一星期後，整巢黃蜂一隻也沒剩，屍體堆滿地面。

從原野回來的黃蜂可以找到進去的路，是因為牠們從土壤外嗅知裡面是牠們的家，而本能地尋找進去的路。這並不需要思想或理解力，打從牠們出生開始，牠們就對地上的種種阻礙瞭若指掌。

但那些在玻璃罩裡的黃蜂，就沒有這種本能可以幫牠們。牠們只想衝到陽光裡，牠們望著透明的玻璃看到陽光，就以為目的地近在咫尺。儘管牠們繼續不休地撞擊玻璃，但牠們也是本能地只想著日光，但想飛得更遠卻是徒勞無功。過去並沒有任何經驗教導牠們該怎麼做，牠們的盲目守舊，終將引導牠們走向死亡。

II. 黃蜂的幾種習性

如果我們揭開包著黃蜂窩的厚外包，我們會看到裡面有很多蜂房或好幾層蜂室，一個個以穩固的柱子連繫在一起，沒有一定的層數。過了一季後大概會有十層或更多一點，蜂室的開口都是往下開的。在這個奇異的世界裡，幼蜂都是以頭朝下的姿勢睡覺和進食。這一層層的蜂房層，有寬廣的空間將牠們分開來。在外殼與蜂房間，有條走廊能和各部分相通。常可以看到一些保母來去，照看著蜂室裡的幼蜂。

在黃蜂的世界裡，有許許多多工人都是將生命奉獻在工作上的。牠們的職務就是當黃蜂數增加時，擴增牠們的蜂巢。牠們雖然沒有自己的幼蟲，卻小心地看護巢裡的幼蜂。為了觀察牠們的工作狀況，以及接近冬天時會發生什麼事，我在十月時將一個蜂巢的一部分，放在一個罩子下，裡面有許多卵及幼蟲，還有上百隻的工蜂看護著牠們。

為了便利觀察，我將蜂房分開，並將原本朝下的開口往上擺。這樣顛倒牠們的位置，看來並沒有困擾我的囚徒們。牠們很快地就從被騷擾的不安中恢復過來，好像什麼都沒發生一樣。在這個情況下，牠們應該想建築些東西，所以我給了牠們一塊軟木頭，也餵了牠們蜂蜜喝。我用一個鐵絲籠下放了一個大泥鍋，好代替牠們巢穴的大外蓋。

並用一個紙板做成一個可動的圓形物，使蜂巢黑暗。

當我需要亮光時，就可以移開它。

黃蜂繼續工作，好像沒有受到任何驚擾。工蜂一面照顧幼蟲，一面蓋房子。牠們開始建築一道牆，好圍起黃蜂密集的蜂房，牠們看來像是要建造一個新外殼，好代替那個被我用鏟子挖破的舊殼。但牠們並不修補，只是從我弄壞了的部分開始工作。牠們搭起一個圓弧形的紙鱗片屋頂，遮起了三分之一的蜂室。

我供給牠們的木頭，牠們連碰都不碰。這種原料大概用起來不好用吧，黃蜂們寧願用原來就廢棄的舊窩。那些舊窩裡的纖維，原本就是做好的，而且只要用一些唾液，用大顎嚼幾下就會變成品質良好的紙糊。牠們把空下來的蜂室搗得粉碎，並利用這個做出一種篷頂。如果需要的話，也會用這種方法做出新的蜂室。

但比造屋頂更有趣的是觀看這些粗枝大葉的戰士變成溫柔的保母。在牠們的照料下，幼蟲漸漸長大。我們若仔細觀察可以看到一隻忙碌的黃蜂，牠將蜂蜜裝滿嗉囊，停在一個蜂室前，用一種沉思的姿態，將頭伸進洞裡，並用觸鬚的頂端碰觸幼蟲。當幼蟲醒過來向牠開口，就像是一隻羽翼未豐的小鳥對著帶回食物的母鳥討食物一樣。

這剛醒過來的幼蟲，將頭搖來搖去地想碰觸為牠帶來的食物。兩張嘴接著觸碰了，一滴蜜從保母的嘴裡流到幼蟲的嘴裡。只要一點點就夠了，保母就這樣輪流地盡著自

己的責任。幼蟲會在自己的頸子上舔眠，因為在餵食的時候，牠的胸部會暫時膨脹，牠的用處就像是圍兜兜，從牠嘴裡流出來的殘渣都會落到這上面來。在吞完大部分的食物後，幼蟲就會舔舔圍兜兜上的殘屑，然後胸部的膨脹就會消失了。幼蟲又縮回穴裡一點，繼續牠們甜美的睡眠。

在野外，歲末時節之際，也是果實不多的時候。大多數黃蜂會用蠅的碎片餵養幼蟲。但在我的籠子裡，我只供給牠們蜂蜜，無論保母或幼蟲似乎都因為吃了這種食物而身體健康。假如有不速之客闖進這裡，是會立刻被處死的。就連形狀顏色和黃蜂相似的拖足蜂（Polistes）只要靠近吃牠們的蜜，就會立即被發現、攻擊。

Ⅲ. 黃蜂悲慘的結局

牠們以殘酷的方式抵禦入侵者，並巧妙地餵食著幼蟲，這使得我籠裡的幼蟲大大興盛起來。但其中也有例外，也有些柔弱的幼蟲在還沒長大以前就夭折了。

我看到那些病懨懨的小東西不能進食，逐漸地憔悴。保母已經清楚地知道了，牠們把頭低下來用觸角試探病患，證明牠無法救活了。後來等到這小生物瀕死之時，竟被無情地拖到蜂巢外。在殘酷的黃蜂世界裡，體弱多病的就像是垃圾一樣，能越早丟掉越好。但這不是最壞的事，當冬天逼近，黃蜂們已經預知自己的生命到了盡頭。十一月寒

冷的夜晚，為蜂巢帶來變化。工蜂們不再熱衷建設，也不常到儲藏蜜的地方，更疏懶於家務上，飢餓的幼蟲張開嘴，卻只得到緩不濟急的餵養，也得不到絲毫的照顧。深深的不安緊揪著保母，先前的那些熱情都被漠不關心甚至是厭惡所取代。再繼續悉心照料小蜂又有什麼好處？挨餓的日子要來了，反正小蟲們最後都要一死。這些溫柔的保母，轉身竟成了劊子手。

牠們對自己說，「不用留下這些孤兒，反正我們死後也沒有人會照顧牠們！讓我們毀了這些卵和幼蟲，與其讓牠們慢慢餓死，還不如一次慘烈的結束。」

一場屠殺開始了。牠們咬住幼蟲的頸子，殘暴地將牠們拖出室外，拋棄到土穴下的垃圾堆。殘酷的舉動就好像對待那些外來的陌生人或是死屍。牠們粗暴地拖著幼蟲並將其撕碎。卵則被撕裂、吞食。

這些劊子手也失去生氣苟活著。日復一日，我帶著好奇與憐憫的心情觀察牠們，看著牠們的結局。這些工蜂突然都全死了。牠們爬到上面倒落臥仆著，就像觸電般不再起來。牠們的盛世已過，牠們被時間這種無情的毒藥毒害了！季節的交替與時間流失，竟讓牠們自我摧殘。

工蜂是老了，但母蜂們因為是最遲孵化出來的，所以仍舊年輕力壯。當寒冬威脅牠們時，牠們還能抵擋。但那些離死期不遠的，卻很容易從牠們的病態上分辨出來。牠

們的背上沾染塵土，當牠們健康的時候，常不時地將自己黃黑相間的外衣擦得光亮。生病的那一些就不再注意那麼多了；牠們在陽光下停滯不動，或只是緩慢地徘徊，卻再也不刷自己的衣裳了。

不注意外表就是個壞預兆。兩、三天後牠們會最後一次離巢，到外面多享受些陽光，卻在頃刻間倒下再也起不來了。黃蜂們都會避免死在自己的窩裡，根據牠們的法則，紙巢裡要保持絕對的清潔。臨死的黃蜂為自己舉行葬禮，自行跌落土穴下的坑內。

我的籠子一天比一天空。儘管室內的溫度溫和，儘管花蜜還足夠牠們啜飲。到了聖誕節時，卻只剩下一打母蜂活著。一月六日時，最後一隻也死了。

這種死亡從何而來？竟殘殺了我所有的黃蜂。牠們沒有挨餓或受凍，也不用忍受思鄉的苦痛。那麼牠們是為了什麼而陣亡？

先別將過錯歸咎於牠們被我所囚，即便在野外也是如此。我曾觀察十二月末裡，有許多蜂巢都發生這樣的情形。大多數黃蜂必須死亡，不是因為意外、疾病或氣候，而是為了一種逃避不了的命運、一種必然的定律。牠們的生與死，都同樣積極。不過這種情況卻是好的，如果一隻女王蜂打造了一個有三萬居民的城市，倘若牠們全部活下來了，只會釀成大災禍，一群群黃蜂就會在鄉野裡肆虐了！

最後，黃蜂的巢會毀壞。某種蛻變後長相凶狠的蛾的毛蟲、某種赤紅色的小甲蟲、和某種穿著金絲絨外衣的鱗狀幼蟲，都是毀壞蜂巢的生物。牠們會咬碎小蜂室一層層的地板，讓整棟住宅倒塌。當春天再度來臨，黃蜂城市再度打造起來並居住三萬名新居民前，那裡只剩下幾把泥土和幾片棕色的紙片。

第 13 章
小蟲的冒險

I. 芫菁（The Young Sitaris）

　　圍繞卡本脫拉司（Carpentras）鄉下沙地的堤防，是黃蜂和蜜蜂喜歡來的地方。牠們喜歡這裡，因為此地陽光充足，泥土也鬆軟容易挖掘。五月間，有兩種蜜蜂特別的多。牠們都是條紋花蜂（Mason-Bee），地下小土穴的建造者。其中一種，會在住所的前面建造防衛堡壘，一個小土筒的樣子，上面還有網洞並有弧度。當許多蜜蜂住下來時，任誰看到這種狀似倒垂手指的裝飾都會感到驚訝。

　　來說說另一種蜜蜂，則是我們更常見的黑色條紋花蜂（Anthophora pilipes）。牠們通道的出入口是毫無遮蔽的。舊牆石間的縫隙、廢棄的農舍或砂石上顯露的表面，都很適合牠們工作；但牠們最愛的地點是類如坍落道路的斷面上。那裡地方寬敞，並有許多小洞，整個土塊看起來就像海綿一樣。每一個孔穴就是相互通暢的迴廊，這些走廊大概有四、五吋深，蜂巢就在這底下。如果我們要觀察這種蜜蜂工作的情況，就一定要在五月下旬到牠的工坊來。但

記得要離遠一點喔，我們會看到牠們喧鬧地群聚一起，努力為自己的巢穴建築及覓食。

但我到這個住滿黑色條紋花蜂地方的時間，大概都在八、九月間的夏日假期。這時候，牠們巢穴的附近都很安靜，所有的工作都已經告一段落。以前住滿了蜂的熙攘都市，如今已成荒涼廢墟，我也不明白為什麼。離地表數吋深的地底，有上千隻幼蟲在牠們的土室裡閉關，靜候春天的到來。這些柔弱豐腴卻不能自衛的幼蟲，當然會引來某些寄生蟲的覬覦。這是很值得研究的。

我立刻發現兩件事情。有一種半黑半白、長相難看的蒼蠅，正慢慢地從一個洞飛到另一個洞裡，顯然牠們想在那裡產卵。但牠們其中有許多掛在蜘蛛網上，早已乾枯。而在別處，堤防上的蜘蛛網上，也掛了許多一種名叫花蜂寄生芫菁（以下簡稱芫菁）的屍體，其中雌雄都有，但也有少數是活著的。雌芫菁一定會進入蜂巢裡，當然牠也在裡面產卵。

假如我們稍微掘開堤防的表面，會看到比這更多的東西。在八月初，我們會看到：上層蜂室和下面的蜂室大不相同。因為有兩種蜂類住在同一個建物中，牠們一種是條紋花蜂，一種是角切葉蜂（Osmia）。

黑色條紋花蜂先打前鋒，挖掘地道的事完全由牠們包辦。牠們的巢穴在最底部，如果牠們離開外部的蜂室，角

切葉蜂就會趁虛而入。角切葉蜂用很粗的土牆，將迴廊分成大小不等，而且沒有美感的小室，這就是牠們築巢的方式。相反地，黑色條紋花蜂的巢做得很精緻，就像是打造藝術品一樣。牠們利用同樣的土壤，卻能做得讓一般的敵人無法侵入。所以這種蜂的幼蟲是不結繭的，牠們只要光著身體躺在像磨光後明亮的蜂房裡就好。

　　至於角切葉蜂，牠的巢裡還是需要保護的東西，因為牠們的土壤表面做得很馬虎，而且只有薄薄的牆做保護，所以角切葉蜂的幼蟲裹在堅硬的繭裡，一方面可以保護牠不和粗糙的牆面接觸；一方面也可以避免敵人的魔爪。

　　這兩種蜂也有著各自的寄生蟲與不速之客。角切葉蜂的寄生者是黑白相間的蠅，牠常常可以在角切葉蜂巢穴門口出沒，企圖在那裡產些卵。黑色條紋花蜂的寄生者是芫菁，這種昆蟲的屍體常在堤岸上大量出現。

　　拿開角切葉蜂的巢穴後，就能看到條紋花蜂的巢。蜂室裡面有些住滿幼蟲，有些住滿成蟲，還有更多數住有一個蛋形的硬殼，上面分成幾節，有明顯的呼吸孔。這種殼又薄又脆，顏色是琥珀色般晶瑩剔透，可以看清楚裡面有一個發育完全的芫菁，正掙扎著想脫離牠的殼。

　　這奇怪的殼看來並不像甲蟲的殼，芫菁是如何進到裡面的呢？這個寄生者是如何進到黑色條紋花蜂的蜂巢裡？經過三年縝密的觀察，才使我對這些疑問有所瞭解，並為

昆蟲生活史寫上最驚人的一頁。以下就是我調查的結果。

　　芫菁成蟲的壽命只有一到兩天。牠全部的生命都是在條紋花蜂室的出入口度過，除了繁殖後代，其他的事情牠都不管。牠也有一般的消化系統，但我不能確信牠是否吃了任何東西。雌蟲唯一想的就是產卵，做完這件事牠就死了；雄蟲在裂隙處蟄伏一、兩天後，跟著也死了。這就是為什麼牠們的屍體會黏掛在蜂的住所附近的蜘蛛網上。

　　乍看起來，我們會以為這種昆蟲在產卵時，會在蜂的巢室裡一間間跑遍，並在每隻蜜蜂的幼蟲上產卵。但在我的觀察過程中，我曾仔細地勘查過黑色條紋花蜂的通道，發現芫菁的卵都只產在黑色條紋花蜂家入口的裡面。這些卵積成好大一堆，離門口約一兩吋遠。牠們是白色的蛋形，體積非常小，彼此輕輕地黏在一起。至於數量，我估算至少有兩千個，這絕非誇大之詞。因此，和大多人想法相反的，牠們的卵並不產在蜂巢裡，而只是產在門口堆成一堆。除此以外，母親也不再保護牠們了。

　　為了更清楚地觀察，我將一些卵放進箱子裡，大概九月底的時候就孵化了。我以為牠們會立刻跑開去找黑色條紋花蜂的蜂室，但我的想法完全錯誤。這些不及 0.04 吋的黑色小幼蟲，雖有著看似強健的腿，卻跑得不快。牠們七零八落地堆在一起，並和牠們剛脫下的卵殼混在一塊。我將一小塊蜂巢放在牠們前面，卻對牠們絲毫沒有影響，沒

有什麼可以引誘牠們略微移動，如果我硬是將牠們移開點，牠們還是會跑回同伴堆裡躲起來。最後，我在冬季時去到卡本脫拉司的鄉間，再次到住著條紋花蜂的堤防，想要確定一件事：在自然的環境下，芫菁的幼蟲孵化後是否也不會散開。答案是肯定的，和我盒子裡的情形一樣，那裡的幼蟲在孵化後也是和卵殼混在一起疊成一堆。

有一個問題我還是無法解答：芫菁究竟是如何進入蜂室的？又是怎樣進入一個不屬於自己的殼裡？

II. 第一次冒險

從芫菁幼蟲的外表，我就知道牠的習性一定很特別。這種幼蟲居住的地方，顯然有很多危險。為了防止這些危險，牠長了一對又彎又尖的大顎；強健的腿，末端長著長而能動的爪；很多的硬毛和刺；還有一對堅硬的長釘，可以刺入任何光滑的土面。除此之外，牠還有一種黏液，所以牠不需要其他工具幫忙，也能固定自己的身體。我實在猜不出為什麼這些小蟲要住在這個危險重重的地方？即使我絞盡腦汁也沒有答案。

四月底，關在我籠裡的芫菁幼蟲原本是不動的，躲在海綿堆般的卵殼裡的，現在卻突然動了起來！牠們開始在過冬的盒子裡到處走動。急促的動作及不止息的精力，顯示了牠們正在找些什麼。看來牠們需要的是食物。牠們是

在九月底孵化的，雖然牠們約有七個月的時間都處在麻木的狀態中，卻完全沒有補給營養。我猜想，牠們需要的食物不外乎是蜂巢裡的儲藏品吧！我給了牠們蜂巢、條紋花蜂幼蟲、蜜、條紋花蜂等等，但是都不能引起牠們的食慾或引誘牠們進入黑色條紋花蜂的巢室。最後，我終於發現牠們要些什麼了！

我先前已說過，四月的時候，那堆芫菁幼蟲就開始活動了，幾天後卻已經不在那個地方。奇怪得很，牠們是要黑色條紋花蜂將牠們帶回巢室。牠們緊緊攀在蜂的毛上，有時甚至被帶到很遠的野外。黑色條紋花蜂只要一經過門口，等在那裡的芫菁就會緊緊的黏在黑色條紋花蜂身上，所以無論黑色條紋花蜂飛得多遠，芫菁也不會掉下去。這些都是為了要讓蜂帶牠回巢。

第一次看到這種情形，你可能會以為這種冒險的小蟲是為了在黑色條紋花蜂身上取些食物。但事實並非如此，芫菁的幼蟲伏在蜜蜂的毛裡，與蜜蜂的身體成直角，頭裡尾外，幾乎都靠著蜜蜂的肩部，選好地方就不再移動。如果想吃什麼，應該要跑來跑去，尋找最柔軟的部分。但相反的，牠常常黏在蜜蜂最堅硬的地方。這麼看來，牠的目的就只是想藉由黑色條紋花蜂帶牠們進入蜂室。

現在，我們可以明白芫菁兩根大釘子的作用了，它們一合攏就可以緊緊捉住蜜蜂身上的毛，比最精細的鉗子有

效多了。還有牠身上的黏液，可以幫助牠黏得更緊些。此外牠足上的針和硬毛，也能插入蜜蜂的毛中，更加穩固自己。這些設備真是令人驚奇，當這隻小生物在冒險的時候，完全要倚賴這些機件防止跌落。

Ⅲ. 第二次冒險

五月二十一日那天，我到卡本脫拉司去，想看看能否發現莞菁進入蜂巢的通道。

這件事可花了我很大的功夫。一群蜂在廣大的空地上受了陽光的刺激，在那裡亂舞起來。當我眼花撩亂地觀察牠們的動作時，蜂群的中心突然發出一種單調恐怖的聲音。有如閃電般，成群的黑色條紋花蜂急速飛了出來，到處找尋食物，還有些正好也帶著採好的花蜜或建築的材料回來。

我當時對牠們瞭解不深，以為只要誰靠近這些蜂群，或觸碰牠們的住所，就會被螫得很慘。但倘若我要找出問題的答案，就必須進入這可怕的蜂群，在那裡站上幾個鐘頭甚至一整天，觀看牠們工作的情況。我將放大鏡拿在手上，在蜂群中動也不動地觀察巢裡面發生的事。但是我不能使用面罩、手套或其他各種遮蔽物，因為我的手指和眼睛不能有所阻礙，即使我離開時被叮得滿頭包，也不管了！我決心要解開那個困擾我好久的問題。

我用網子抓住幾隻黑色條紋花蜂，心底十分滿意，因

為如我所預期的，牠們身上的確棲息著芫菁的幼蟲。

我扣緊外套，突圍蜂群中心，用鶴嘴鋤鋤了幾下蜂巢並得了一團蜜蜂。但奇怪的是，我竟然沒受到一點點傷害。第二次試探，時間比第一次還久些，也同樣沒有一隻蜂來叮我一下。後來我乾脆就長時間逗留在蜂巢前面，翻開泥土、弄掉蜂蜜再趕走蜜蜂，儘管如此，卻始終沒有引起比蜂鳴更壞的事。因為黑色條紋花蜂是種愛好和平的昆蟲，牠的巢一旦被侵擾了，牠們會立刻離去逃開，甚至有時受了重傷，也不會使用牠的針，除非是被人抓在手上。感謝黑色條紋花蜂的缺乏勇氣，讓我雖然沒有任何防禦，卻也能在喧鬧的蜂鳴中，安然地坐在石頭上，觀察牠們數個鐘頭。農人們經過時，看到我泰然的樣子，還驚訝地問我是否對這些蜜蜂施了法？就這樣，我看了許多蜂室，有的還是敞開的，裡面多少有些蜜；有的已經用泥土蓋起來了，裡面的東西則各不相同。有些裡面有著條紋花蜂的幼蟲，有些看到別種肥大一點的幼蟲，有時看到一個卵浮在蜂蜜上，那卵是白色略有弧度的圓柱形，長約 0.15 ～ 0.2 吋間。這就是黑色條紋花蜂的巢穴。

在少數的蜂室裡，我看到這種卵浮在蜜上；還有其他許多蜂室裡，我更看到芫菁的幼蟲待在蜂卵上，就像是攀著木筏，牠們的大小就跟剛孵出來時一樣。原來，這些敵人已經跑進條紋花蜂的家了。

牠們是何時進入？又用何種方式進入呢？在那許多的蜂室裡，我實在找不出任何牠們可以進入的縫隙，因為所有的蜂室都封得緊密。芫菁這種寄生蟲一定在蜜庫還沒封閉以前就進去了。還有一些開著門的小蜂室，雖然裡面裝滿了蜜，卻沒有任何卵，所以也沒有芫菁的幼蟲在裡面。這些小蟲一定是趁蜜蜂產卵或是忙於封閉門的時候溜進去的。我所做的一個實驗斷定，芫菁幼蟲進入蜂室的時機，應該是在蜂蜜產卵於蜜上的一瞬間。

　　我拿了一個裝滿蜜，裡面浮著一個卵的蜂室來，並將幾隻芫菁幼蟲一起放在玻璃管內，牠們幾乎不進去蜂室裡的。因為牠們不能直接跑到蜜蜂的卵上，卵的四周環繞著蜜，對牠們實在太危險了。偶爾有一、兩隻跑近蜜湖裡，一看到那黏黏的蜜，就會試著逃跑，不過還是常會跌到蜜裡，窒息而死。由此可以確定，當蜜蜂在蜂室或者接近蜂室時，芫菁的幼蟲絕對不會放開蜜蜂的毛；因為一旦和蜜接觸，就不會有活路。我們要知道，芫菁的幼蟲如果在蜂室裡的時候，一定是在蜜蜂的卵上，這個卵不但是牠的浮板讓牠漂在蜜上，更是牠的第一餐。

　　為了完成這項任務又不與蜜接觸，聰明的芫菁幼蟲趁著蜜蜂產卵的時刻，從蜜蜂身上滑下來到卵上，並和卵一起在蜜湖上了。蜂卵很小，只能載一隻幼蟲，所以在一個蜂室裡，只有一隻芫菁的幼蟲。

母蜂產完卵後，為了防止敵人入侵，牠很仔細地用土將門給封起來，但牠們絕對沒想到，牠們同時也將自己的死對頭放了進去。接著第二個、第三個蜂室，大概也要遭受同樣的命運；如此繼續下去，直到牠把毛裡的芫菁幼蟲全部安置妥當。現在，讓我們先不再去看這辛勤卻徒勞無功的母蜂，將注意力轉回這些用聰明的方法獲得食宿的芫菁幼蟲身上。

　　我們拿掉蜂室的遮蓋物，發現裡面一切都還很好，沒有損壞。但不久後破壞工作就開始了，這些芫菁幼蟲像一個在白卵上的小黑點，用六隻腳平穩身體，再用大顎上的尖鈎咬住卵上的薄皮，不停地猛烈撕扯，直到碎裂，讓卵裡面的東西流出來，這些寄生蟲立刻就興高采烈地把它給喝了。

　　這可是芫菁幼蟲很有智慧的預防措施。如果蜂的幼蟲一旦孵化，也是需要蜜的，這一點點蜜根本不夠兩隻蟲吃。但現在牠咬碎了蜂卵，就可以任意地獨享蜂室裡的蜜了。

　　另一個破壞蜂卵的理由，就是卵的獨特風味驅使芫菁幼蟲第一餐就將它吃掉。這個小東西貪婪地吸吮蛋裡流出來的液體，連著好幾天繼續撕扯卵殼，大喝卵裡面的漿汁。在這些時候，牠是不會喝環繞四周的蜂蜜的。蜂卵對芫菁的幼蟲而言，不但是一艘小船，同時也是營養補給。一星期後，蜂卵就只剩一層乾皮。第一頓大餐結束了，此時芫

菁幼蟲已有原來的兩倍大，牠會開始由背上脫皮，變成第二齡幼蟲後掉進蜜裡。牠脫下的殼還留在浮板上，但不久也跟著淹沒在蜜浪底。蕪菁幼蟲第一階段的歷史（註①），就此結束。

註①：也就是蕪菁的第一齡幼蟲期。等到蕪菁脫殼成為第二齡幼蟲期後，由於身體結構改變，就不怕跌到蜜裡而溺斃了。

第 14 章
蟋蟀

I. 一家之主

住在草原上的草原蟋蟀（Field Cricket）和蟬一樣有名，而且在有限的優秀昆蟲中是很出色的。牠是因為牠的歌喉及住所而出名，兩者缺一就不會有此聲望。

將昆蟲擬人化的大師拉封丹，對牠著墨不多。另一位法國寓言作家佛羅瑞安（Florian），寫了一則蟋蟀的故事，卻缺乏真實性而且只是個幽默小品。故事敘述蟋蟀對牠的境遇很不知足，這真是個荒謬的想法，因為只要對蟋蟀有研究的人都會知道，牠對自己的才能及住家都很容易滿足。在佛羅瑞安的故事結尾，他自己也承認了：

我舒適的小房子是個歡樂居；
若你想活得開心，就隱居在此。

從某位朋友的詩裡，我更有強烈和真實的感覺。以下就是這首詩的翻譯：

動物間流傳一個故事，
一隻可憐的蟋蟀在家門口徘徊，
在陽光下擷取金黃色的溫暖，
忽見一隻耀眼蝴蝶飛來。

她驕傲地揚著尾巴經過，
一行行新月般的藍紋多快活，
美麗的黃星星與黑長帶，
從未見過如此高貴的飛翔姿態。

「喔，飛吧！」這隱士說：
「終日於花叢中漫舞；
無論小白菊或紅玫瑰，
也比不上我平庸的家。」

這話說得有道理！
一陣風雨擒住飛行者，
沾溼弄破牠的羽絨衣，
也將牠的翅膀潑上泥。

蟋蟀躲過那場雨，
眼神安和，唧唧唱鳴；

巨雷轟隆對牠也無用，
狂風大雨從牠身邊過。

隱世而居，
別將己身貪浸花花世界；
在卑微的爐火旁，平靜而安詳，
至少還能擁有無憂慮的好時光。

　　從那首詩，我們可以更加認識蟋蟀。我常見到牠在洞口捲著牠的觸角，讓牠自己保持前胸涼爽，後背溫暖。牠不妒忌蝴蝶，反而憐憫牠。就像那些有家的人，談到無家可歸的人時，所賦予的同情一樣。牠也不抱怨，對自己的房子和小提琴都很滿意。牠就像個哲學家，知道世間萬物的虛華，並喜歡在享樂者的喧嘩之中隱退。

　　那些描述都算正確，不過我們還需要再著墨些蟋蟀的優點，自從拉封丹忽略牠後，牠已經等了許久。

　　對我這樣的自然學家而言，重點在於兩篇寓言中提到的穴，故事裡的教誨好像也源自於此。佛羅瑞安提到蟋蟀的舒適的家，拉封丹也稱讚它為低處的巢。所以，蟋蟀的住所是最引人注意的地方，甚至平日不大關心實際事物的詩人也注意到了。

　　的確，在這件事上，蟋蟀是與眾不同的。在各種昆蟲

中，只有牠在成蟲時會做好自己的窩，這是牠對自己工作的犒賞。在一年中最惡劣的時節，大多數的昆蟲都會在臨時的避難所藏身，而那些避難所來得容易，丟了也不足為惜。只有蟋蟀，牠有一個為了安全舒適，卻不是為了打獵或育兒而起的家。在一些向陽的草坡上，牠就是那個隱居所的主人。當別的昆蟲過著流浪的生活，露天而睡，屈身於枯葉或石頭的遮蔽下時，蟋蟀卻享有固定住所。

蟋蟀很聰明，牠不會草率地找個避難所，牠住的地方一定要排水良好，而且要有和煦的陽光。牠不會利用現有的住所，因為不方便也太過草率；牠的別墅從大廳到臥房，都是牠一點一滴挖好的。

除了人類以外，我不曾看過比牠更會蓋房子的了。就算是人類，在攪攪灰泥使石頭牢固，或是在牆上塗抹泥土的技術發明前，都還是靠著岩石遮蔽與野獸爭鬥的。為什麼蟋蟀這種最不起眼的小昆蟲被賜與了這樣的才能，擁有一個完善的住所。牠有什麼特別的工具嗎？不，蟋蟀並不是挖鑿的專家。事實上，任何人看到牠柔弱的工具，卻能做出那樣的成果，都會感到訝異的。

是否因為牠過於細緻的外表，所以需要一個家呢？也不是！和牠類似的幾種昆蟲，也有和牠一樣敏感的皮膚，卻不怕在露天下生活。是否因為牠的身體結構，而有建築的才能呢？或牠有造房子的特殊器官嗎？沒有。在我家附

近，另外還有三種蟋蟀，無論外表顏色和構造都和草原蟋蟀很雷同，卻沒有一種知道如何挖掘住所的。雙斑點蟋蟀（Double-spotted Cricket）住在潮溼的草堆裡；孤獨蟋蟀（Solitary Cricket）在園丁翻起的泥塊上漫遊；波爾多蟋蟀（Bordeaux Cricket）更肆無忌憚地跑入人類的家中，從八月到九月，在涼爽陰暗的地方小心地唱著歌。

有誰不知道草原蟋蟀的家呢？當我們兒童時代到田野裡遊玩，都會經過這隱士的家門口。無論我們腳步多輕，牠都會聽到我們到來的聲音，並立即躲到隱密的地底去。當我們到的時候，牠早已離開家門口。

大家也知道該如何將牠逗出來，只要拿起一根稻草，將它放入洞中並輕輕移動，被逗的蟋蟀會驚訝地以為外面發生什麼事了，就會從後面的房間跑出來，然後停在通道中，搖動著牠精密的觸角，遲疑地打探。牠會慢慢跑到明亮的地方來，一旦到了外面，就很容易被逮到，因為那些事已擾亂了牠可憐的小腦袋。第一次要是被牠逃了，牠就會變得很多疑而且不再出現。在這樣的情況下，我們用一杯水就可以把牠沖出來。

童年真是最快樂的時光啊！我們到草地上捕捉蟋蟀，將牠們放在籠裡，餵牠們吃萵苣菜。今天我到這裡，是為了研究而尋找牠們的巢，往事此時此刻卻歷歷在目。我的同伴小朱爾，是個用稻草抓蟋蟀的專家，在實施他的技術

與耐心好一段時間後，他突然跳起來大叫：「我抓到了！我抓到牠了！」

　　快！這有個袋子！我的小蟋蟀，請你進來吧！你可以在裡面安逸生活、吃喝無虞，可是請你先告訴我們一些事情。首先，就讓我們先看看你的家吧！

Ⅱ. 蟋蟀的家

　　在面對陽光的堤岸上，草地裡有個斜斜的通道，即使下過陣雨也很快乾燥。這隧道最深九吋，一個指頭般寬，依據土地的狀況或彎或直。通常，會有一叢草遮掩著蟋蟀的家，可以將牠出入的通道小心地隱沒起來，當蟋蟀出來吃嫩草時，絕對不碰門口的草。有點斜的洞口，耙刷得很仔細、很寬闊，這就是蟋蟀的陽台，當四周都很平靜的時候，牠就會坐在那裡拉琴。

　　房屋裡面並不豪華，有著裸露卻不粗糙的牆，這個住戶很有空暇收拾令人不快的亂地方。隧道的底部就是臥房，比起其他地方來得精緻寬大。總體來說，這是個簡單的住所，非常乾淨也不潮溼，相當符合舒適生活的需求。另外一方面，假如我們知道蟋蟀用來挖掘的工具是那麼的簡單的話，我們就會說這是個大工程了，因為牠建造了一個艱鉅的隧道。要知道蟋蟀如何與何時建造牠的住家，就必須從蟋蟀產卵開始說起。

蟋蟀像白面螽斯一樣，將卵下在深約四分之三吋的土壤裡。牠將卵排列成群，總數大概有五、六百個。這卵真像是令人驚訝的機械。卵孵化後會呈現白色不透明的圓筒狀，頂上有個圓而整齊的孔，孔的旁邊還有個像蓋子的帽子。這帽子是沿著一條環繞的線特別為了抵抗掉落而準備的；它並不會因為幼蟲在裡面衝撞而破裂。卵產下兩星期後，前端會出現兩個大黑點，在這兩點的上面，也就是圓筒的頂端，可以看到一條環形細而隆起的線，這殼將來就會從這條線開裂。不久，卵漸漸透明，我們可以看出這個小生物身上的節。此時我們可就要特別注意了，特別是在早上的時候。

　　我們要有耐心地觀看，才可能有好收穫。在突起的環形線的四周，殼已漸漸被掙破，裡面的幼蟲頭部推動著，讓卵的一端裂了開來，那蓋子也就升起來，落在一旁，小蟋蟀就從裡面跳了出來！

　　當小蟋蟀跑出後，卵殼依舊完整、光滑、透著白，而那小帽子就掛在開口邊。鳥類的殼是被幼雛的喙給啄破的，蟋蟀的卵卻做的更精巧，像盒子一樣，能將蓋子打開，小昆蟲的頭就足以將它頂開。

　　我剛剛說，蓋子去掉後，一隻小蟋蟀從裡面跳了出來，這樣的形容並不很正確，應該說是一隻穿著緊身衣、還在襁褓中的蟋蟀幼蟲。你應該還記得，螽斯也是用同樣的方

法在土中孵化，當牠來到地面時，也有一件保護身體的外衣。蟋蟀和螽斯同類，雖然實際上並不需要，但牠也穿了一件相同的制服。螽斯的卵在地下有八個月之久，當牠冒出來時必須和變硬的土壤搏鬥，所以需要一件外衣保護牠的長腿；蟋蟀比較短壯，卵在地下的時間也不過數天，牠出來時只要穿過粉狀的鬆泥土。因此，牠不需要外衣，所以便將它留在殼子裡了。

當蟋蟀脫去襁褓時，身體顏色是灰白色的，牠開始和泥土戰鬥了。牠用大顎咬，將那些泥土掃踢到牠身後，很快就到地面上來享受陽光了，同時牠還要冒著和同類衝突的危險。

二十四小時之後，牠就變成漂亮的黑色，足以和成蟲媲美了！原來的灰白色只剩下一條環繞著胸部的白帶子！小蟋蟀靈敏機警，牠用長長抖動的觸鬚感覺周圍的情況，很有衝力地跑跳著。總有一天，牠會胖得無法如此嬉耍。

現在，讓我們想想母蟋蟀為什麼要產下那麼多卵？因為有很多幼蟲都注定難逃死劫。牠們會被其他昆蟲大量的殘殺，尤其是小灰蜥蜴和螞蟻。螞蟻，這討厭鬼，幾乎將我花園裡的小蟋蟀殺得片甲不留。牠們咬住這可憐的小東西，並狼吞虎嚥將牠一口吃下。可惡的螞蟻！我花園中的蟋蟀都被牠們給吃光了，使我不得不再到鄰近的地區尋找。在八月，落葉下的青草尚未被陽光曬枯，我看到那些新生

蟋 蟀

小蟋蟀靈敏機警，
牠用長長抖動的觸鬚感覺周圍的情況，
很有衝力地跑跳著。

的蟋蟀已經長大許多，全身都已成了黑色，胸前的白帶子也不見了。在這個時期，牠們過著流浪的生活，一片枯葉或扁石就夠牠們躲藏了。

　　但許多從螞蟻屠殺中逃脫的小蟋蟀，現在卻成了黃蜂的被害者，牠們捕獵這些流浪者並將牠們抓回地下。如果小蟋蟀能提早幾個星期挖掘住所，就不會遇到危險，但牠們卻從未如此做，總是忠實地照著祖先的生活模式而活。

　　直到十月底，第一道寒氣逼近，牠們才會著手築穴。若以我觀察籠中的蟋蟀判斷，築巢這件工作是很簡單的。牠們決不會挖掘裸露的地面，而是在有所遮掩的地方動手，通常是在有萵苣掩蓋的地方，這是用來替代草叢的，好來遮蓋牠的洞。

　　這位礦工用前足耙土，並以大顎夾去比較大的石礫。我看到牠用強而有力、長著兩排鋸齒的後腳踏著；我也看到牠耙開泥土，將它掃到後面並斜斜地鋪著。這就是牠築穴所用的全部方法了。

　　剛開始牠工作得很快，在籠子裡的土中鑽了兩小時，並不時地來到進出口，但總是不斷地向後面掃著。如果牠累了，就會在尚未完工的家門口休息一會兒，頭朝向外面，觸鬚無力地擺動。不久後又轉身進去了，用牠的鉗子和耙子繼續工作。後來牠休息的時間逐漸增長，讓我有點不耐煩了。

工作中最急迫的部分已經完成。洞深兩吋，已足夠暫時需要了。剩下的部分需要長時間工作，可以在以後的日子裡繼續完成。這個洞可以在天氣變冷和蟋蟀體積變大時加深加寬。即使在冬天裡，只要氣候還算溫和，陽光照耀在出入口時，還是可以看見蟋蟀從裡面拋出泥土來。在春天這享樂的季節裡，蟋蟀房子裡的維修工作仍持續著。地底下改良和修繕的工作會一直持續著，直到主人過世為止。

　　四月之末，蟋蟀開始唱歌了；最初是生疏而害羞的獨唱，不久就成了交響樂，大地都為牠們而歡動。我覺得牠們是春季裡的唱詩班之首。在我們的荒地上，百里香和薰衣草快樂地綻放著，雲雀像火箭般飛起，放開喉嚨高歌，從天空中向大地散布牠甜美的歌聲。蟋蟀在地面和雲雀唱和，牠們的歌聲單調自然，卻也適合萬物復甦的單純喜悅，也是萌芽的種子與新生的嫩葉所瞭解的生命頌歌。在這二重唱裡，蟋蟀是優勝者，牠的曲目與不停歇的音符，令牠當之無愧。滿地灰藍色的薰衣草在陽光前搖晃，即使雲雀停止歡唱，還是可以聽到這些純樸的歌手莊嚴的讚美之歌。

Ⅲ. 蟋蟀的音樂盒

　　如同各種有價值的東西，蟋蟀的音樂盒是很簡單的，它的構造和蟊斯的樂器有著相同的原理，它是一只弓，弓上有一把鉤子和一種震振膜。除了後面及包摺在體側的一

部份，右鞘翅幾乎完全覆蓋著左鞘翅。這樣的構造和我們之前提到的牠的同類蚱蜢、螽斯等相反，蟋蟀是右邊覆著左邊的；而蚱蜢等，卻是左邊覆著右邊。蟋蟀兩邊鞘翅的構造完全一樣，就這樣平鋪在牠的背上，旁邊突然垂下成直角，有著紋路的翼梢緊緊裹著身體。

如果將其中一個鞘翅掀開，朝著亮光看，你會發現除了兩個連結點外，整個都是淡紅色的。前面的形狀是個大三角形，後面則是一個小橢圓形。上面還有些皺紋，這兩個地方就是蟋蟀的發聲器。這裡的皮是透明的，比其他地方都還要細，帶著些許淡灰色。在前面那一部分的後側邊緣上，有兩條彎曲卻平行的紋路，這紋路中有個空隙，空隙中有五、六條皺紋，看來就像梯子的梯級。它們的作用是摩擦，可以增加與弓的接觸點，加強振動。

在下方，圍繞空隙的其中一條紋路，形成肋骨狀，切得像鉤子一樣。這就是蟋蟀的弓，上面大概有一百五十個三角形的齒，排列的很整齊，很符合幾何原理。

這真是個精緻的樂器。弓上一百五十個齒，嵌在對面鞘翅的梯級裡，讓四個發聲器同時振動；下面的那一對直接摩擦發音，上面的一對是由於共振而發聲，這四個發聲器能將聲音傳到數百碼以外。

蟋蟀的聲音可以和蟬尖銳的聲音抗衡，卻不像蟬聲那般刺耳，最棒的是，蟋蟀知道該如何調節歌聲。我剛剛提

過，牠的鞘翅向兩面伸出，非常開闊，這就是制音器，若將它調節放低，就能降低聲音的強度。根據它們與蟋蟀柔軟身體接觸的程度，就可以讓蟋蟀隨意調整音調，使其柔和或響亮。

最初，我以為蟋蟀左右兩個鞘翅裡的兩把弓都會用到，但觀察的結果卻不是這樣。我所看過的那麼多蟋蟀裡，都是右鞘翅蓋在左鞘翅上的，沒有例外。我還曾用鉗子小心翼翼地將兩個鞘翅交換，希望蟋蟀能用這樣的方式唱歌，但我很快就失望了！牠們一開始會忍耐一下，但在感到不舒服後，就努力將牠的器材恢復原樣。我來回做了好幾次還是徒勞無功，蟋蟀的固執戰勝了我。

後來，我認為這個實驗應該在蟋蟀的鞘翅還新還軟的時候做，也就是幼蟲剛脫皮的時候。我抓了一隻正在蛻變的幼蟲，等到牠的鞘翅漸漸地長大張開，還看不出哪一扇鞘翅蓋在哪一扇上，卻逐漸相接時，我用一枝稻草輕輕地調換它們的位置，將左邊鞘翅蓋在右邊上，雖然這隻蟋蟀有點反抗，但我還是成功了。左邊鞘翅稍微推向前方，鞘翅就在這種交換位置的狀況下成長。我很希望這隻蟋蟀能用牠族人從未使用過的左弓。

第三天早上，牠開始鳴唱了。摩擦的聲音就好像器械的齒輪沒有密合，又重新把它放在適合的位置上一樣。音樂開始，演奏出的仍然是蟋蟀們原有的音調。

我以為自己會造就一個新式的演奏家，然而我卻一無所得。這隻蟋蟀後來仍舊回復拉牠右邊的琴弓，拚命地將我顛倒過來的鞘翅放回原來的位置。我用不夠科學的方式想將牠變成左撇子演奏者，牠卻嘲笑我的計謀，終其一生還是用牠的右弓。

　　樂器聊夠了，讓我們聽聽牠的音樂吧。蟋蟀從不在牠的屋裡唱歌，而是在和煦的日光下——牠的陽台上唱歌。鞘翅發出「克利克利」柔和的顫音，音調圓滿、響亮、有節奏而且持續不斷。整個春天的悠閒時光就這麼過去了。一開始，這個隱士是為了取悅自己而唱歌。牠歌頌自己的存在、撒在牠身上的陽光、供牠食用的青草和供給牠棲身的安詳住所。牠的琴弓存在的首要目的，就是歌詠生命的喜樂。

　　後來，牠會為了牠的伴侶而演奏。但其實牠的熱烈演出並沒得到感恩的回報，因為後來牠們兩隻總是爭鬥得很激烈，除非雄方逃走，不然就算沒被吃掉，也會被弄得殘廢。但無論如何，即使牠逃離了伴侶，不久後還是要面對死亡的。牠的死期在六月。聽說愛好音樂的希臘人，會將蟬放在籠子裡，好整以暇地享受牠的歌聲。我可是不大相信這件事。第一，如果太靠近蟬，牠喧囂的聲音可是會折磨人的耳朵的。喜歡音樂的希臘人，應該不會喜歡這種刺耳的聲音吧！

第二，要將蟬養在籠子裡是不大可能的事，除非我們將橄欖樹和懸鈴木一起放進籠裡。只要我們將蟬關在籠裡一天，就會使這種喜好高飛的昆蟲厭倦而死。

　　人們將蟋蟀誤認為蟬，就像是將蟬誤認為蚱蜢一樣，這也不是不可能。如果傳說中的昆蟲是蟋蟀的話，那就沒錯了。因為蟋蟀很能忍受被囚禁的生活，由於牠那種不出家門的天性，讓牠在籠子裡也能處之泰然，只要每天有萵苣葉可吃，蟋蟀就算是被關在很小的籠裡，也還是快樂地生活鳴叫。讓雅典的小孩掛在窗櫺上的，不就是牠嗎？

　　普羅旺斯和法國南方各處的小孩，也有相同的喜好。在城市裡，蟋蟀更成為孩子的寶貴財產了。這種昆蟲被寵愛、吃著美食、對著孩子唱誦簡單的鄉間之歌，牠的死亡還會讓全家人都感到悲哀。

　　在我家附近的另外三種蟋蟀，有著和草原蟋蟀同樣的樂器，只有些微的不同；牠們的聲音都很像，只是身材不大一樣。最小的那種波爾多蟋蟀，有時會到我家廚房的暗處來，牠的歌聲很輕，必須側耳靜聽才能聽到。

　　草原蟋蟀會在春天陽光最充足的時候唱歌；在寂靜的夏夜裡，我們所聽到的就是義大利蟋蟀（Italian Cricket）的聲音了，牠是種瘦弱的昆蟲，顏色很淡，幾乎呈白色，樣子和牠夜間活動的習性很符合。如果你把牠放在手指間，還會怕將牠壓扁呢！牠喜歡住在高高的地方、灌木叢裡、

或是比較高的草上，很少下到地面來。七月到十月間的寧靜炎熱夜晚，牠甜蜜的歌聲，會從日落持續到深夜。

　　普羅旺斯的人都知道牠的歌聲，因為在小草叢裡也有牠的樂隊。輕輕慢慢的「格里里格里里」聲，加上輕微的顫音，讓人印象深刻。如果不受打擾，這種聲音就會持續不變；但只要有一點聲響，牠就會變成腹語表演者，本來聽見牠的聲音近在咫尺，突然卻又遠在十五碼外。如果你朝著那個地方走去，牠卻不在那裡，聲音還是來自原來的地方。但是，這好像也不對，聲音到底是從左邊還是後面來的呢？你可被牠弄糊塗了，完全找不到聲音的所在之處。

　　義大利蟋蟀之所以讓人有距離不定的幻音，是由兩種方式產生的。聲音的高低抑揚，受到牠下鞘翅被弓所壓抑的部分而有所不同，同時也會受到鞘翅位置不同而有所影響。如果要高音，鞘翅就得抬高；如果聲音要低，鞘翅就得降低一點。義大利蟋蟀為了要誤導捕捉牠的人，就會把顫動板的邊緣緊壓著牠柔軟的身軀。

　　在八月的靜夜裡，再也沒有其他昆蟲的歌聲比牠的更美麗、清晰了，我常在草地上，靜靜聆聽這動人的音樂會。

　　義大利蟋蟀群聚在我的小園子裡，每株開著紅花的野玫瑰上，都有這個歌手；薰衣草上也有很多。野莓樹、小松樹上都成了牠們的音樂廳。牠的聲音清亮迷人，在這個小世界裡，每根樹梢間都迴響著牠們的生命喜悅之歌。

在我的頭上，天鵝星座高高展翅於銀河之間，四周環繞著此起彼落的昆蟲交響樂。微小的生命，訴說牠生命的喜悅，讓我忘卻了星空的壯麗。那些天際間的眼睛，靜靜平和地看著我，卻一點也無法觸動我的心弦。為什麼呢？它們缺乏了偉大的祕密——生命。的確，我們的理智告訴我們：這些恆星群，溫暖了許多像我們這樣的星球。不過這種信念也不過是一種猜想，這還不是件確定的事。

　　相反地，和我的蟋蟀在一起時，我感覺到生命力的蓬勃，這是我軀體裡的靈魂；這就是為什麼我在迷迭香樹籬裡，忽略天上的天鵝星座，反而傾注所有的注意力在蟋蟀的小夜曲上。一個卑微的生命，最小的生命微粒，牠知道歡樂與痛苦，對我而言，牠比起無窮的宇宙裡的那些事情，更能引起我的興趣。

第15章
蜘蛛

I. 蜘蛛的習性

　　蜘蛛的名聲不佳，大部分的人都認為牠是一種可怕的動物，一看到就想把牠一腳踩死。細心的觀察家則有不同的看法，蜘蛛是勤奮的勞動者；天才的紡織家；也是狡猾的獵人，其他方面也很有意思。即使不從科學的角度看，蜘蛛仍是值得研究的。人們都說牠有毒，這是牠最大的罪名，也是引起大家懼怕的原因。的確，牠有兩顆毒牙，可以置獵物於死地。若僅從這點，我們確實可以說牠是可怕的動物。但毒死一隻小蟲子和傷害一個人，兩者相差極大。不管蜘蛛能怎樣迅速地結束一隻小蟲子的生命，但對我們來說是沒有什麼危險，被蚊子叮咬還比較惱人。所以，我可以大膽的說，大部分的蜘蛛都是無辜的，牠們莫名其妙地被冤枉了。

　　不過，有少數蜘蛛的確很危險。首先是紅帶蜘蛛（Malmignatte），科西嘉的農民十分懼怕牠。我曾經見過牠在田埂上編織羅網，大膽地撲向身形比牠更大的昆蟲。

紅帶蜘蛛有著帶胭脂紅點的黑絨衣裳，農民相信被這種蜘蛛一咬，除了導致渾身痙攣，還會瘋狂起舞。要治療這種病，只得依靠音樂，這是唯一的靈丹妙藥，還有一些固定的樂曲最能治療這種病。這種傳言聽起來有點可笑，但我不敢完全否定。蜘蛛的刺或許導致神經錯亂，而音樂能使他們鎮定而恢復常態；而劇烈的舞蹈能使被螫到的人出汗，因而把毒驅趕出來。對於這些說法，我並不完全一笑置之，我思考著，並在進一步了解後，知道有些可怕的蜘蛛名實相符。

在我們這一帶，最厲害的是黑腹舞蛛（即拿魯波狼蛛），從牠們身上可以得知蜘蛛的毒性有多大。我將介紹狼蛛的習性，並告訴你牠是怎樣捕食的。

這種狼蛛的腹部長著黑色的絨毛，還有褐色的條紋，腿部有一圈圈灰色和白色的斑紋。牠最喜歡住在長著百里香的乾燥沙地上。我的那塊荒地，就符合這個要求，有二十幾個狼蛛的窩穴。我每次經過洞邊，向裡面張望的時候，總可以看到牠的四隻大眼睛。這位隱士的四個望遠鏡像鑽石般的閃著光，另外四隻小眼睛就不容易看到了。

狼蛛的居所呈圓柱形，寬大約是一法寸（法國古長度單位，約 2.7 公分）、有一法尺深。是牠們用自己的毒牙挖成的，剛剛挖的時候是筆直的，之後才漸漸地打彎，再來又轉垂直。洞的邊緣會築起一道圍牆，材料取決於狼蛛附

近可得的，像是稻草、木屑，或者是小石子等。圍牆看上去有些簡陋，需要細看才能發現。有時候這種圍牆有一法寸高，有時候卻僅僅是隆起的一道邊。

我打算捉一隻狼蛛。於是我把一根小麥穗伸進蜘蛛窩裡，並模仿蜜蜂的嗡嗡聲來吸引狼蛛，讓牠以為是獵物自投羅網而撲出來。可是我的計劃失敗了。狼蛛的確離開地堡往上爬了一點，想看看究竟是什麼東西的聲音。但狡猾的牠立刻識破這個陷阱，於是停在半途，堅決不肯出來，只是充滿戒心地望著洞外。

看來要捉到這隻狡猾的狼蛛，需要用活的蜜蜂作誘餌。於是我準備一個瓶子，瓶口與蜘蛛窩穴口一致。我先把一隻土蜂裝在瓶中，再倒轉瓶子，將瓶口卡在洞口。土蜂在玻璃囚室裡嗡嗡直叫，然後飛撞著，拚命想沖出去。當牠發現一個與牠的家相似的窩時，便毫不猶豫地飛進去了。牠倒楣了，走了一條自取滅亡的路。當牠飛下去的時候，狼蛛也正好走上來，於是牠們在洞的拐彎處相撞了。不久我就聽到了裡面傳來了土蜂的喪歌，之後便陷入一段沉默。我把瓶子移開，將長柄鑷子伸進洞口。將土蜂拉了出來，牠一動也不動，正如我所想象的那般已經死了。狼蛛不願意放棄被奪走的獵物，急忙地跟出來，於是獵物和打獵的都出洞了。我趁機用石子把洞口塞住。狼蛛被突如其來的變化嚇呆了，根本沒有勇氣逃走，再用一根草把牠趕進紙

袋裡，幾乎不費工夫。我利用這個辦法誘牠出洞，然後捉拿歸案。不久我的實驗室裡就有了一群狼蛛。

我用土蜂去引誘牠，不僅僅是為了得到牠，還想看看牠如何獵食。我知道牠不儲備糧食，只喜歡吃新鮮獵物。不像黃蜂那樣將獵物麻醉後儲放，也不像甲蟲那般吃母親為孩子儲藏的食物。牠是一個凶殘的屠夫，一捉到食物就將其活活地殺死，當場吃掉。

狼蛛要捕獵也須冒很大的風險。有著強有力上顎的蚱蜢和帶著毒刺的胡蜂不時會飛進牠的洞去。雙方的武器不相上下，究竟誰更勝一籌呢？狼蛛除了毒牙之外沒有別的武器，牠不能像條紋蜘蛛那樣放出絲來捆住敵人。牠必須要撲向危險的敵人，把毒牙刺入敵人最致命的地方，立刻把敵人擊倒。出於謹慎，牠會退回去，直到獵物不再撲騰後才折返。雖然牠的毒牙很厲害，但我想隨便刺一個地方是不能輕易取敵人的性命，需要的是迅雷不及掩耳的致命一擊。

II. 與木匠蜂對決

我已經說過狼蛛生擒土蜂的事蹟，然而還不能使我滿足，我還想看看牠與別種昆蟲作戰的情形。於是我替牠挑了強大的敵手——木匠蜂。這種蜂周身長著黑絨毛，翅膀上嵌著紫線，身形比土蜂還大。牠的螫針很厲害，被牠刺

了以後很痛，皮膚會腫起一塊，很久以後才消失。我之所以知道這些，是因為曾經身受其害，被牠刺過。牠是值得狼蛛去決一勝負的勁敵。

我捉了幾隻木匠蜂，分別裝在瓶子裡。又挑了一隻粗壯、凶猛，還餓得厲害的狼蛛。我把瓶口罩在那隻窮凶惡極的狼蛛的窩穴洞口上，那木匠蜂在玻璃囚室裡發出激烈的嗡嗡聲。狼蛛被驚動了，從洞裡爬了出來，半個身子探出洞外靜靜的觀察，不敢貿然行動。我也耐心地等候著。一刻鐘過去了，半個小時過去了，什麼也沒有發生，狼蛛居然又若無其事地回到地堡去了。大概是察覺不對勁，若冒然去捕食的話會有危險。我依此法又試探了幾隻狼蛛，應該不是每隻狼蛛都對美味的獵物無動於衷，然而都沒有成功，狼蛛對從天而降的獵物懷有戒心。

最後，我終於成功了。有一隻狼蛛猛烈地從洞裡沖出來，大概是因為餓壞了，所以按捺不住。就在一眨眼間，戰鬥結束，強壯的木匠蜂死了。凶手是把毒牙刺到牠身體的哪個部位呢？顯而易見，是在牠的頭部後面。如同我所想的一般有高超的技巧，牠準確地咬在致命點，也就是牠的俘虜的神經中樞。

我做了好幾次試驗，以便證明這不是偶然的行為。最後發現狼蛛總是能在轉眼之間將敵人殺死，作戰手段都很相似。現在我明白在前幾次的試驗中，狼蛛面對木匠蜂為

何遲遲不敢出手。牠的猶豫是有道理的，面對強大的昆蟲，若不能一擊致命，那牠自己就完蛋了。如果木匠蜂沒有被擊中要害，至少可活幾個小時，在這段時間裡，牠完全有機會回擊。狼蛛非常清楚這點，所以牠要守在安全的洞裡等待機會，直到對手露出破綻，讓頭部處於易被擊中的時候，牠才立刻沖出去，否則決不用自己的生命去冒險。

Ⅲ. 狼蛛的毒素

接下來，我要來說說，狼蛛的毒素是一種多麼厲害的暗器。

我做了一次試驗，讓狼蛛去咬羽翼豐滿可以出巢的小麻雀。小麻雀受傷了，一滴血流了出來，傷口周圍起了紅點，一會兒又變成了紫色。小麻雀受傷的腿使不上勁，只能用單腿跳著。除此之外牠好像沒什麼痛苦，胃口很好。我的女兒同情地把蒼蠅、麵包和杏子醬餵給牠。這隻可憐的小麻雀當了我的實驗品，但我相信牠不久後會痊癒，很快就能恢復自由——這也是我們全家共同的願望和推測。十二個小時後，我們對牠的傷勢仍保持樂觀。牠仍然好好地吃東西，太慢餵給牠，還會發脾氣呢。可是兩天以後，小麻雀拒絕進食，羽毛蓬亂，身體縮成一個小球，有時一動不動，有時突然一陣痙攣。女兒憐愛地把牠捧在手裡，呵著氣使牠溫暖。但痙攣愈來愈厲害，次數愈來愈多，最

後，牠離開了這個世界。

那天的晚餐時，我們之間透著一股寒氣。我從家人的目光中看出他們在做無聲的抗議和責備。他們認為我的實驗太殘忍了，大家都為這隻不幸的小麻雀的死而悲傷。我自己也很懊悔：我所要知道的只是很小的一個問題，卻付出了那麼大的代價。

儘管如此，我還是鼓起勇氣再去做試驗。這次是一隻鼴鼠，牠是在偷田裡的萵苣時被捉住的，所以即使牠死於非命也不足為惜。我把牠關在籠子裡，用各種甲蟲、蚱蜢餵牠，牠津津有味地吃著，被我養得胖胖的，健康極了。

我讓一隻狼蛛去咬牠的鼻尖。被咬過之後，牠不住地用牠的寬爪子撓抓著鼻子，似乎是因為牠的鼻子開始刺癢、灼熱。從這時開始，這隻大鼴鼠食欲漸漸不振，什麼也不想吃，行動遲鈍，我能看出牠渾身難受。到第二天晚上，牠已經完全不吃東西了。大約在被咬後三十六小時，鼴鼠在夜裡死了。籠裡還剩著許多的昆蟲沒有被吃掉，證明牠不是被餓死的，而是被毒死的。

所以狼蛛的毒牙不止能結束昆蟲的性命，對小動物來說，也是危險可怕的。牠可以置麻雀於死地，也可以使鼴鼠斃命，儘管後者的體積要比狼蛛來得大。後來我沒有再做過類似的試驗，但根據我看到的情況，人若是被咬到可能也會有危險，千萬要小心不要被牠咬到。

現在，我們試著把這種殺死昆蟲的蜘蛛和麻醉昆蟲的黃蜂比較一下。蜘蛛需要吃新鮮的獵物生活，所以牠咬昆蟲頭部的神經中樞，使牠立刻死去；而黃蜂則是保持食物的新鮮，為牠的幼蟲提供食物，因此牠刺在獵物的另一個神經中樞上，使牠失去行為能力。相同的是，牠們都喜歡吃新鮮的食物，用的武器都是毒刺。

　　不管是蜘蛛還是黃蜂，沒有人告訴牠們怎樣根據需求，分別用不同的方法對待獵物，牠們生來就明白這一點。

第16章
薛西弗斯

　　希望當你們再次聽到有關會做球的清道夫甲蟲（Scavenger Beetles）(註②)時能不厭煩。我已經告訴各位有關聖甲蟲以及西班牙蜣螂的才能了，現在我想談談另一種清道夫甲蟲。在昆蟲界裡，我們看過很多偉大母親的典範，為了公平起見，我們來注意些昆蟲界裡的好父親吧。

　　在這方面，鳥類很優秀，獸類也能榮譽地盡責，但在低等的動物裡，除了少數昆蟲外，大部分的父親通常都對家庭漠不關心。這種冷酷無情，在高等動物界裡是非常令人鄙棄的，因為牠們弱小的子女需要長時間的關照；但在昆蟲界裡，這樣的父親卻是可以被諒解的，因為新生的昆蟲都很強壯，只要將牠們放在適當的地方，牠們不需要幫助就能獲得食物。好比粉蝶，為了後代的安全，牠們會將卵下在萵苣葉上，所以需要爸爸的關心做什麼呢？母親有利用植物的本能，不需要父親的幫忙。產卵時，就算父親在旁邊，也可能只會礙手礙腳。

註②：清道夫甲蟲有許多種，包括之前介紹過的聖甲蟲和西班牙蜣螂，都是其中的一種。

大多數動物都採用這種簡單的方式養育後代。牠們只要找到一個吃飯的地方，當作幼蟲孵化後的家，或找個地方，使幼蟲自己能覓到適當的食物。在這種情況下，昆蟲是不需要父親的。昆蟲的父親可能一輩子都沒有在養育後代的工作上給於任何幫助。

然而，事情並不總是按這種原始的型態發生。有些族類會為牠的後代留些財產，供給孩子們將來的食宿。蜜蜂、黃蜂都是建造蜂室、小瓶子和口袋的專家，採得的蜜就放在那裡面。牠們擅長建築巢穴，並在裡面儲藏採集的東西，好讓小蟲當食物。然而，這些從事建築、收集食物等，花去全部生命的苦力工作，都是由母親完成的，這些事讓母親精疲力竭。父親則在陽光下沉醉，在工作場地附近懶惰遊蕩，看著牠辛勤的伴侶工作著。

雄性的一方為何從不助雌性一臂之力呢？為什麼牠們不學燕子夫妻，一起銜些草、一些泥或一些小蚊蟲給牠們的小孩呢？雄性昆蟲什麼也沒做，或許牠們會用身體比較孱弱作為藉口吧。但這些卻都不足構成理由。因為剪一片樹葉、從植物上擷取棉花、或收集一些泥漿，並非超過牠們所能做到的。牠們輕而易舉就能幫忙任何勞動工作；也適合為雌性收集材料，再由比較聰明的雌性來安排所用。雄性不做的真正原因，是因為牠們不會做。

的確很奇怪，多數很有勞動天分的昆蟲，竟不知道該

如何盡父親的責任，我們還以為牠會為了幼蟲的需要，而發揮最高才能，但牠竟如此愚鈍，對於家庭很少費力。我們難以回答下面的問題：為什麼某種昆蟲具有特殊才能，而另一種沒有？

當我們知道清道夫甲蟲有這種高貴的情操，而蜜蜂卻沒有，這讓我們覺得驚訝而且困惑。有很多種甲蟲都會參與家庭責任，並知道雙方共同工作的價值。比方糞金龜夫妻，牠們會一起為幼蟲準備食物，在製造儲藏食物時，父親會用強勁的臂力擠壓幫助母親。牠是家居生活的最佳範本，也通常是昆蟲中的特例。除了這個例子外，我還能在長期的研究經驗中，舉出另外三種清道夫甲蟲公會，相互合作的例子。

其中之一是薛西弗斯（Sisyphus）(註③)，也就是長足糞金龜，牠是推丸子工人中最小也最積極的一種。牠是甲蟲類中最為活潑、靈敏的，對於危險路上的摔跤、翻筋斗不以為意，並執著地持續相同的困難任務。由於這種狂野的反覆肢體動作，使得拉特力（Latreille）先生稱牠為「薛西弗斯」。

註③：薛西弗斯（Sisyphus）是希臘神話中柯林斯（Corinth）的國王，他生性狡猾貪婪；死後被諸神處罰在冥間將一塊巨石從山腳下往上推，但當巨石到達山頂時，卻又會往另一邊滾下，他所做的一切，永遠徒勞無功。

你應該聽過這個希臘神話，故事中薛西弗斯這個不快樂的可憐人有個可怕的任務，他被迫將一塊巨大的石頭推向山頂；每次當他辛苦地將巨石成功運到山巔時，巨石又會從他的手中滑落滾到山下。我喜歡這個神話故事，就像是我們多數人的翻版。比方我吧，目前為止已經認真專注了半個世紀，拚命地往上爬，虛擲我的氣力在鞏固生活的五斗米上。但這些生活必需品並無法輕易獲得，只要一有閃失，所有的努力就會落入無底深淵。

薛西弗斯這種甲蟲就不知道這些苦惱的試煉。牠不會被陡峭的山坡阻撓，快樂地旋轉著牠的負擔，這些食糧有時給牠自己，有時給予牠的子女。薛西弗斯其實不多見，要不是有我的小助手，我也沒法找到那麼多的數量來從事研究。

小朱爾年紀才七歲，他是我狩獵調查的熱心伙伴；他比同年齡的孩子更清楚蟬、蝗蟲和蟋蟀的祕密；特別是清道夫甲蟲，他在二十步外就能辨別地上隆起的土堆是哪種甲蟲的地穴。他有敏銳的聽覺，可以聽到蚱蜢細微的歌聲，而我卻完全沒聽見。他用好聽覺及好眼力幫助我，我告訴他我的想法、意見，他總是認真地接受。

小朱爾有他自己的蟲籠子，聖甲蟲就是在裡面做出了梨形的幼蟲巢；他在自己的小小花園裡種豆子，他常將它們掘起來看根有沒有長一點；在他的林地裡，有四棵巴掌

寬高的橡樹，一邊還用橡實提供養分。這是小朱爾讀書之餘的消遣，但這些工作一點也沒妨礙他的學習。

五月將近的某一天，我和小朱爾起個大早，連早餐都沒吃就出門去了。我們在山腳下搜尋，如果有羊群的話，這裡倒挺適合牧羊的。我們就在這裡找到了薛西弗斯，朱爾積極地找著，不久我們就抓到了好幾對。

為了讓牠們長得好，需要為牠們準備一只有沙床的鐵紗籠子，並供給牠們食物。這些生物的體積很小，比小蚌蜊還小；牠們的形狀也很奇怪，短胖的身子，尾部卻尖尖的，腳很長，伸展開時和蜘蛛很像。後腳更是特別地長，而且彎曲著，這在抱、壓小球的時候特別有用。

很快地就到了牠們繁殖後代的時候。父母親都投入為孩子捏製、搬運和收藏糧食的工作。牠們利用刀子般的前腳，從食物上取適當的大小做處理。雌蟲和雄蟲一起工作，輕拍緊壓一塊材料，並將它做成豌豆般大小。在這甲蟲的工廠裡，做個正確的圓形，並不需要機械的技法來滾動這個球。材料在沒有移動之前，甚至在還沒有抬起，就已做成圓形了。在這裡，我們又有一個幾何學專家，知道什麼是保存食物的最佳形式。

球不久就完成了，現在必須用力滾動使外表成為一層硬殼，用來保護裡面的柔軟食物，而不會使它變得太乾燥。身材較大的是母親，牠全副武裝地站在前面，將牠較長的

後腳放地上，前腳放在球上，將球朝自己的方向拉，然後倒退著推；父親則在對面，以相反的姿勢，頭朝下地推。牠們的工作方式和兩隻聖甲蟲一起工作時的方法相同，但目的卻兩樣：薛西弗斯團隊為了牠們的幼蟲準備食物，聖甲蟲卻是為了替自己準備地下大餐。

薛西弗斯這對甲蟲在地面上勇往直前，牠們沒有明確的目標，卻直直地向前走，也不管路上有什麼障礙物。這樣盲目的倒著走，遇到障礙是在所難免，但即使牠們看見了，也不會繞道而行。牠們甚至固執地想試著爬過我的鐵絲籠，這是艱鉅而且不可能的任務。母親的後腳勾住鐵絲籠子將球拉過來，然後用前腳包住它，將球舉在半空中。父親覺得推不動球了，就抱住了球伏在上面，把身體的重量加在球上面，不再出力了！這努力當然不能持久，球和騎在上面的父親滾成一團掉在地上。母親從上面驚訝地向下看一會兒，這才下來扶好球，重新牠不可能的嘗試。再三地跌落後，牠們才放棄攀爬鐵籠子的念頭。

即使在平坦的地上搬運，也不是毫無困難。這顆球隨時都可能遇到隆起的石堆；這個團隊就會為此而摔個倒栽蔥，在半空中踢腳。不過跌倒是小事一樁，薛西弗斯常常摔個四腳朝天，卻毫不在意，有人還以為牠們喜歡這麼做呢！總之，圓球變硬了，而且相當堅固，顛簸、跌倒和搖動，都是節目單的一部分。這種瘋狂的障礙賽，會持續好

幾個小時。

最後，當母親認為工作完成時，就會跑到旁邊找個適當的地點休息。父親則會爬上去留守，蹲在寶物上頭，如果牠的伴侶離開太久，牠就會用抬起的後腳靈活地搓球解悶，牠就像個雜耍表演者般地耍著手上的球。牠用彎曲的腳測試這個球是否完美，那兩隻腳就像是牠的圓規一樣。無論是誰，看了牠興高采烈的樣子，都不會懷疑牠很滿意自己的生活——父親因為已經確保兒女的未來而心滿意足。

牠彷彿說著：「這是我為孩子們做的大麵包，怎麼樣，不錯吧？」然後牠將球舉高，讓大家都看得到這個牠辛苦工作所得來的見證。

這時，母親已經找到了做土穴的地方，並將剛開始的工作做好了，牠挖了一個淺穴，把球推進這裡。當母親用腳和前額挖掘的時候，看守警備的父親一刻也不得離開。很快地，洞已經大得足夠裝進那顆球。母親始終堅持將球靠近自己，在地穴做好之前，牠一定要使球在牠背後上下擺動，好遠離一些寄生蟲。若牠只是將球放在洞穴邊，可能會有些蚊蠅等昆蟲來趁火打劫，因此母親必須格外當心。

球已經一半放進尚未完成的地穴中了。母親在下面用腳抱住球向下拉，父親則在上面，將它輕輕地往下放，而且要注意那個洞不會被崩落的土塞住。一切都很順利，牠們總是小心翼翼地持續挖掘下降，其中一隻將球往下拉，

薛西弗斯

身材較大的是母親，牠全副武裝地站在前面，
將牠較長的後腳放地上，前腳放在球上，
將球朝自己的方向拉，然後倒退著推；
父親則在對面，以相反的姿勢，頭朝下地推。

另一隻控制著力道，並清除所有障礙。再努力一下，這個球和兩位礦工就消失到地底了。接下來要做的，就是重複已經做過的事，我們必須再等上半天左右。

如果我們仔細觀察，會發現父親又單獨地爬上地面，蹲在靠近土穴的沙子上。母親為了盡牠的伴侶無法幫忙的責任，也就是產卵，牠常常會延遲到第二天才回到地面上來。等到牠終於出來了，父親才會離開牠打瞌睡的地點與母親會合。這對重新聚在一起的甲蟲夫妻，又回到牠們找到食物的地方，休息一會兒後，再次收集起材料，接著又開始工作。於是，牠們又一起重新塑造出圓球、搬運和儲存食物。

我佩服牠們的耐力，我不敢說這就是所有甲蟲的習性，因為甲蟲之中的確有些輕浮、沒耐心的甲蟲。但沒關係，我已經給了薛西弗斯這愛家的小東西極高的評價。

現在是觀察土穴的時候了！在離地不深的地方，我們發現一個小空隙，剛好夠讓母親轉動牠的小球。由於這個房室很小，所以父親也不能留在這裡太久，當工作室完成後，牠就必須騰出空間給女雕塑家——母親。

地穴裡只放了一個球，這可是大師的傑作。它的形狀和聖甲蟲的梨狀物相同，只是小得多。因為體積小，光滑的表面和準確的弧度更令人驚訝。它的直徑有 0.5 ～ 0.75 吋寬。

另外，我還有個對薛西弗斯的觀察。在我鐵籠子裡的六對薛西弗斯，共做了五十七個梨，裡面各有一個卵，每一對平均有九隻以上的幼蟲。聖甲蟲的產量就少多了。為什麼牠們要傳下那麼多後代呢？我只想到一個原因：就是父親和母親能一起工作。如果只靠雌蟲一個，整個家庭的負擔是個沉痾；但兩方若能一起承擔所有的工作，整個負擔就不會太重了。

第 17 章
橡樹天牛

I. 小橡樹天牛的家

　　十八世紀的哲學家康迪雅克（Condillac），形容過一種想像中的雕像，它和人類的構造一樣，卻沒有人類的感官知覺。然後，康迪雅克描述將這五種知覺給於它之後的影響。首先，他給予它的是嗅覺；這雕像除了嗅覺外，沒有其他的感覺，所以只能聞到玫瑰花的香味，而且只因為這樣的單純印象，就創造了一切對世界的概念。在我年幼時，曾因為這個雕像的故事而擁有一些快樂時光。我似乎看到雕像因為嗅聞的動作而活了起來，並為此擁有了回憶、思考與判斷力，以及其他心靈上的元素；就像一潭靜水被一顆小沙粒激起了漣漪。我受了動物的啟發而找回我的想像力。橡樹天牛教導我的，比康迪雅克所引起我想像的更為奧妙複雜。

　　我冬天的柴火已經預備好了，送柴給我的樵夫也依照我的囑咐，從他的柴堆裡，選了最老最差的木頭給我。我的嗜好讓他覺得好笑，他很好奇我為什麼跟別人不一樣，

寧願要蟲蛀過的木頭，卻不要好木材。我有自己的主張，樵夫也只好依我了。

　　雖然是一截布滿疤痕的橡木，卻有著許多可供我研究的寶藏。我用槌子和鋸子將那塊柴剖開。裡面乾燥有洞的部分，住著一群各式各樣的過冬的昆蟲，這裡成了牠們冬季的住所。在甲蟲築成的低矮隧道裡，角切葉蜂（OsmiaBee）築起了牠們的窩；在空的房子和前廊，切葉蜂（Megachiles）布置了很多葉子做的小瓶子；在新鮮充滿漿汁的木心中，橡樹深山天牛的幼蟲——橡樹的最主要毀滅者——建造了牠們的家。

　　這些幼蟲的確是奇怪的生物，像截小腸子一樣地爬來爬去。在秋季中期，我看到兩種不同年齡的天牛幼蟲。比較大的像指頭一樣粗，小的則不及鉛筆粗。此外，我還看見已經有了顏色的蛹，和準備天氣轉熱時離開樹幹的成蟲，牠們大概在樹裡生活三年。

　　牠們是如何度過長時間的孤獨與囚禁呢？在厚重的樹心中懶懶地漫遊，將造路時製造的垃圾當成食物。就如同「聖經約伯記」裡比喻馬吞食道路（swallow the ground）一樣，我們也能說橡樹天牛的幼蟲吃出自己的路。牠用木匠的半圓鑿——也就是牠兩個黑色彎曲的大顎，雖然短小也沒凹槽，但就像一支稜邊尖銳的湯匙——開始挖掘穴道。每次用顎切割時，牠都會分泌很少的液體，並將不要的東

西往牠身後一堆。牠的路就是這樣吃出來的，當牠向前進時，後面就堵塞起來。

這種艱難的工作需要兩支大鑿子一起做，也就是橡樹天牛前面的兩個大顎，牠的前半身一定需要很大的力氣，所以那裡就腫成槌子的模樣。牠的口器旁，也因為有一種短大烏黑的甲冑圍繞著，讓牠的鑿子更加有力。

但橡樹深山天牛除了頭部及裝備外，牠的皮膚卻和絲綢一樣光滑，並呈現象牙白。這種白色是一層厚脂肪所造成的，我們大概無法想像吃木頭的昆蟲會產生脂肪。可是牠除了日以繼夜的咬鑿外，就無事可做了，那些木頭到了牠的胃之後，是足以補充所需的營養。

我們幾乎不能稱橡樹天牛幼蟲的腳為腳，它們只是將來蛻變為成蟲時的一小點顯示罷了！這些腳非常的軟弱，對行走一點幫助也沒有，因為幼蟲圓滾滾的胸部，會讓牠的腳不接觸路面；幼蟲另外有移動身體的器官。花潛金龜（Rose-chafer）的幼蟲，藉由身上的毛和背上的墊狀突起物，靠著牠的背蠕動，而做出不同於平常的行走方式。橡樹天牛的幼蟲移動的方式更奇妙了，牠同時利用背部與腹部向前進。為了代替沒有功用的腳，牠的確有個類似腳的行走裝置，只不過和平常的腳相反，它是長在背上的。

在天牛幼蟲身體的中央，上面和下面，長著一排七個四邊形的足，可以任意將它們張開或縮起，伸出去或放平，

牠就利用這種足走路的。若牠要往前移動，就伸開後面的墊板子，縮起前面的。背上或腹上的墊子都有著相同的功能。當後面的足墊脹起塞滿了隧道，就讓幼蟲有個支撐物向前推。於此同時，牠的前面縮起來，體積變小的幼蟲就能慢慢滑向前。為了完成這個步驟，後面的身體也必須移動等同的距離。接著換牠的前足墊伸出支撐，後足墊收縮騰出空間，好讓後面的身體可以拉向前。

有了背和腹部的雙重支撐、交互伸縮，這小東西可以輕而易舉地在隧道內前進後退，並將整個空間塞得滿滿地。但如果只靠其中一邊，想要前進就不可能。當我將橡樹天牛幼蟲放在我光滑的木桌上時，牠會前後蠕動身體，根本無法前進。若將牠放在粗糙的橡木幹上，牠會很慢地左右扭動身體的前部，隆起降下地反覆再三，還能前進一點點。但那三對退化的腳仍然很呆滯，根本毫無作用。

II. 橡樹深山天牛幼蟲的感官世界

天牛幼蟲看似沒用的腳，卻是成蟲的足的起點；在幼蟲時期，牠沒有任何眼睛的痕跡，但牠長大後卻有雙銳利的眼睛。在黑暗、寂靜的樹幹中，眼睛有何作用呢？聽覺當然也是多餘的吧！

為了確定這兩件事，我做了一些實驗。我把幼蟲的住所縱向劈開，變成半個隧道，好方便我觀察牠們的工作。

牠們用腳撐住隧道的兩邊，啃著自己的隧道，工作一會兒，休息一會兒。我趁牠休息的時候試探牠的聽覺，無論是硬物相擊、金屬相碰或鋸子的摩擦聲，牠都毫無反應，什麼動作也沒有。我又用銳利的東西刮旁邊的木頭，模仿其他幼蟲工作的聲音，也都影響不了牠。我所發出的聲音，對牠毫無意義，所以牠應該是聽不到的。

牠有嗅覺嗎？各方面都顯示牠沒有嗅覺。嗅覺可以幫助尋找食物，但天牛幼蟲卻無須找吃的東西，牠只要在原地就可以吃得飽飽。為此我還是做了一個實驗，我在一段新鮮的羅漢松樹幹裡，做了一條和幼蟲鑽出的隧道差不多大小的溝，並將幼蟲放了進去。羅漢松樹幹有一般松類所特具的香氣，但這種氣味對於常在橡樹裡的幼蟲應該是很奇怪的，或許會使牠苦惱、不安；牠應該會有一些不愉快的動作或試著想逃吧。但天牛幼蟲卻不會，當牠被放到溝裡後，就一直往前進，直到不能動為止。我也在一般的隧道中放進樟腦和驅蟲劑等東西，天牛幼蟲還是一點反應也沒有。所以，我確定牠沒有嗅覺，這是有根據的。

天牛幼蟲應該是有味覺的，但又是怎樣的味覺呢？牠的食物毫無變化，光是橡樹就可以吃上三年。在這麼單一的食物裡，幼蟲如何能知道其他的味道呢？一塊含有漿汁的新鮮橡樹味道好一些，一塊太乾的橡樹味道就比較差。這大概是牠的食物僅有的變化了！

至於觸覺，這種被動的感覺是所有活的動物應該都會有的，一旦遇到疼痛的刺激就會顫抖。天牛幼蟲的知覺僅限於味覺與觸覺這兩種，雖比起康迪雅克的雕像強一些，但天牛幼蟲所能感覺的程度並不強烈。康迪雅克的雕像雖只有嗅覺，卻很靈敏，能聞出玫瑰花的香氣，並能將它與其他花類區別；可是天牛幼蟲即使將兩種知覺合併起來，也沒有雕像的感覺程度強烈。

我常想，如果可以用狗的腦子思考幾分鐘，用小蒼蠅的複眼看東西，世界萬物將會變得如何呢？可是若只用天牛幼蟲的智慧來瞭解事情，這個世界會變得更加不一樣。經由牠的觸覺和味覺，這個不完全的生物知道了些什麼呢？幾乎是沒有的吧！牠所知道的只是一塊木頭有一種特別的滋味；經過粗糙的隧道時，皮膚會有痛感。這應該就是牠擁有的知識的最大極限了。

Ⅲ. 天牛幼蟲的先見

不過，這種半生命（Half-alive）的東西，這種「一無所有」的生物，卻有令人驚訝的先見。雖然牠對目前的事非常不清楚，卻很明白自己的未來。

這幼蟲在樹心流浪了三年，上上下下，從這邊轉到另一邊；有時會從這條樹脈，爬到另一條滋味比較好的樹脈去，但卻從不離樹心太遠，因為這附近的溫度，比起表面

法布爾昆蟲記

附近要來得溫和，也更為安全。但是總有一天，這個隱士也要離開這個安全的地方，面臨外面世界的危機。牠終究要離開樹心的。

可是要怎麼離開呢？在離開樹幹之前，這幼蟲必須變成一隻長角的甲蟲。小蟲雖然有完備的工具和強健的肌肉，可以不費吹灰之力地穿過樹幹，到牠想去的地方，但長成天牛的成蟲，卻不見得有這樣的能力。天牛短促的生命，還是要在開放空間裡度過的。牠有能力為自己開出一條逃脫之路嗎？

很明顯地，橡樹深山天牛並不能利用幼蟲所挖的洞離開。這條隧道又長又不整齊，更被一堆堆蛀下的木屑給堵塞，而且越靠近起點越是狹小，因為幼蟲在進入樹幹時只有稻草一般細，現在卻有手指頭粗了。三年的徘徊中，牠都是依照自己身體大小鑿洞，因此幼蟲掘過的回頭路，也不再適合成蟲走。成蟲過長的觸鬚和腳與不能伸縮的裝甲，使牠無法通過這條狹小彎曲的隧道。牠會清除木屑並擴大隧道嗎？還是朝著未曾碰過的木頭，筆直地往前挖鑿呢？我決定找出答案。

我剖開幾段橡樹，並在其中做了幾個大小適中的空穴，每個穴裡都放進一隻剛蛻變為成蟲的橡樹天牛，然後再將分成兩半的橡樹合起來，以鐵絲纏住。六月時，我聽到裡面傳來磨刮的聲音，於是熱切地等帶著橡樹天牛是否會出

現，牠們大概只要掘個 0.75 吋就能破樹而出，然而卻沒有一隻爬得出來。我將這些木頭再度打開時，裡面的蟲已經全部死了，只有一點點木屑留在裡面，這就是牠們所能做的一切。

我對牠們堅固的大顎期望太多了。雖然牠們有穿鑿的工具，卻因缺乏技巧而死亡。我曾試著將牠們放在蘆葦桿裡，但即使這種相形之下比較簡單的工作，對牠們而言還是太難。雖有幾隻出來了，但其餘的還是失敗了。

橡樹深山天牛雖有健壯的外表，卻不能靠自己的力量離開樹幹。事實上，牠離開的路正是幼蟲所預備留下的。

有一種預知——這是我們人類不可理解的——驅使幼蟲離開安全的樹心城堡，朝外面蠕動，在那裡牠很有可能被啄木鳥給吞噬。牠冒著生命危險，又掘又咬地到樹皮下，只與外界相隔薄薄的一層，牠有時太急忙了，甚至將門完全打開。

這就是成蟲的出路。牠只要用大顎輕咬，或用頭撞一下，就可以輕易地將門打開了；有時，甚至什麼也不用做，因為門已經是開著的了！這個沒本事的木匠，帶著牠美麗的冠，當炎熱的夏日來臨時，牠就要穿越黑暗，從這個大門出來了！

一旦幼蟲做完通往外界的路這個重要的工作，就開始忙著將自己變形為天牛了。牠需要空間做這件事，所以牠

必須退回隧道裡面一點，並在旁邊挖一個蛻變用的小房間，裡面裝潢豪華與防衛森嚴，是我從未見過的。這是個牆壁有弧度的房間，長約三到四吋，寬度則比高度大。這裡的空間足夠讓成蟲在裡面自由活動。

　　小蟲會在房間裡築起路障——防備危險的屏障——通常有兩道，有時候三道。最外層是一堆蛀下來的木屑，裡面有一道凹形的礦質蓋子，都是一整片的，顏色是白色。但常常這兩道之後還會有另一層木屑。

　　在這三層屏障的裡面，幼蟲開始為蛻變做準備。小房間的牆是有絨毛似的東西，這是牠將木頭纖維分解後刮成的。這種材料一做好就會被厚厚的固定在牆上，整個房間裡都鋪上了絨毛，這是幼蟲所做的謹慎準備，因為一旦脫皮後，牠就會變成最柔軟的生物了。

　　這番裝潢最新奇的部分，就是進出口裡面的那一扇門了。它像一頂小帽子，像粉筆一樣又白又硬，裡面光滑外面粗糙，上面有著突出物。這些粗糙的瘤狀物，顯示出這種材料是微量的糊狀物慢慢地加上去的，後來外面變硬了，變成小小的隆起物。小蟲沒有將這些隆起物去掉，因為牠碰不到外面；但裡面的那一面是磨光的，因為幼蟲可以碰得到裡面。這個蓋子又硬又易碎，和石灰石薄片很像。其實，它就是石灰所做成的，裡面有一種黏固粉，可以讓石灰保持堅固。

我相信這種礦質的沉澱物是來自幼蟲胃裡，我們稱做乳糜室（chylific ventricle）的那部份。石灰從木材中分解後就儲藏在那裡，等時間到了，幼蟲就會將它排出來。這種軟砂石工廠並不讓我特別驚訝，因為各種幼蟲蛻變為成蟲時，都能做各種不同的化學工作。有種油甲蟲（Oil-beetle）會利用乳糜室收藏廢物；另外有幾種黃蜂，會用它製造蟲膠，好塗在繭的絲上。

　　當勞苦的天牛幼蟲完成所有的工作後，牠會放下工具變成一個蛹，非常柔弱地裹在繭皮中，牠的頭總是朝著門。這點看來似乎是件小事，卻相當重要。在那個長形的穴室中，無論幼蟲要如何安置自己都不成問題，因為牠的身體非常柔軟，也容易在狹小的住所裡轉動。但即將蛻變的橡樹天牛就不能享有同樣的權利，牠身上的甲冑使牠不能轉身，甚至連稍微彎身都不能。所以牠一定要面對著門戶，否則就會困死在這個小室裡，牠的搖籃將會變成無法逃脫的地牢。

　　春末的時候，精力充沛的橡樹天牛，夢想著太陽的喜悅與光的盛宴，牠就要出來了！此時，牠會發現些什麼呢？首先是一堆能輕易推開的木屑；其次就是那塊石蓋子了，橡樹天牛不需要將它弄碎，因為牠能整塊將它移開。牠只要用頭頂幾下，或用爪子扒一下就可以了。最後就是第二層木屑，和第一層一樣也很容易推開。現在牠就可以暢行

無阻了，橡樹天牛只要順著寬廣的道路前進，就可以毫無失誤地到達出口。如果大門沒有開，牠頂多就是再咬開一層薄樹皮就好。

我們在橡樹天牛的成蟲身上學不到什麼，卻在幼蟲身上學到很多。知覺貧乏的幼蟲，帶給我們許多思考空間，牠知道自己變為成蟲時無法通過橡樹，所以為自己造出一條路來；牠知道成蟲的堅硬甲胄，將永遠不能轉身朝向敞開的門，所以在蛻變之前把頭朝向外面；牠也知道自己破蛹後的肉身將會非常柔軟，所以為自己的房間裝上絨墊；牠知道敵人會趁著牠緩慢蛻變的時期破門而入，於是就為自己做了良好的保護。牠清楚地知道自己的未來，正確地說，牠的行動就好像知道了未來。

是什麼讓牠這樣做呢？很明顯地，絕對不是來自於牠的感官經驗。牠對外面的世界知道些什麼？這種沒有知覺的生物讓我們震驚。康迪雅克雖然給了雕像嗅覺，卻無法給它一種本能，但動物——包括人在內，卻有一種感覺外的力量，那種靈感是與生俱來的，而非學習的結果。

並非只有特定一種幼蟲，能擁有奇妙的生命與令人驚訝的先見。除了橡樹裡的橡樹天牛外，還有櫻桃樹裡的天牛，牠們外表完全相同，只不過後者的身型比較小，習性也和橡樹天牛不同。牠住在木質部與樹皮之間，而不是樹心，這種習性會到蛻變時才改變。此時，牠的幼蟲會離開

表皮層，挖一個深約兩吋的凹穴，裡面的牆是裸露的，沒有橡樹天牛那種木質纖維做的裝飾，進出口也用木屑和石灰質蓋起來，形狀相似只是大小不同。當然結蛹時頭部向外也是必須要的準備。

　　我還可以告訴你其他許多關於吃木頭的昆蟲的事。牠們的工具是一樣的，但每一種都有自己獨特的方法，使用的計策和牠的工具毫無關連。但這些幼蟲就如同其他昆蟲一樣，向我們顯示本能並非由工具所造成，但相同的工具，卻可以被應用在不同的用途。

　　從以上的例子，我們可以清楚地看出一個通則：這些天牛的幼蟲，為牠的成蟲準備外出的路，成蟲只需要通過木屑與穿破樹皮就好。這和一般的情形相反，牠的幼蟲期充滿精力有著強壯的工具，並頑強地工作著；但成蟲卻轉而閒散不事生產、無所事事並且毫無專長。在人類世界裡，為嬰兒準備好一切的是母親；在這裡卻是小幼蟲為牠的母親準備一切。牠用堅毅的牙齒 —— 外在世界的危險或穿鑿堅硬樹幹這個困難任務，都無法使其膽怯 —— 為牠的成蟲闢路，迎向令人喜悅的陽光。

第 18 章
蝗蟲

I. 蝗蟲的價值

小朋友，無論你準備好了沒，明天早上太陽還沒完全升起時，我們就要去抓蝗蟲了。

在睡覺前宣布這件事，會讓全家人極為興奮。我的小幫手們會在夢裡看見什麼呢？藍色、紅色的翅膀突然間都振起來，像螺旋槳一樣翻飛。牠有淡藍或粉紅的鋸齒狀長腿，在我們將牠捉在指尖時踢個不停；漂亮的小腿就像彈簧，讓這小昆蟲像從投石機射出一樣，向前跳躍。

如果有一種對大人小孩都安全的狩獵活動，那就是獵蝗蟲了。我們的早晨多麼美好啊！摘取成熟的桑椹多麼令人喜悅！我們在覆著一層薄草的小山坡上遠足，陽光將草地染成金黃。對於這樣的早晨，我有著鮮明的印象；我的孩子也將擁有這樣的回憶。

小朱爾有著敏捷的手腳和銳利的眼光，他觀察連綿的樹叢，靠近灌木叢窺看。突然，一隻大灰蝗蟲像小鳥一樣飛出來。這個小獵人先是快速躲開，然後目瞪口呆地看著

這隻小燕子似的蝗蟲飛離。下次他的運氣會更好一些,我們絕對不會沒有這些獵物而空手而回。

小朱爾的姊姊,專注地看著有粉紅色翅膀與紅色後腿的義大利蝗蟲;她對另一種裝飾最多的昆蟲更感到興趣。這種昆蟲的背有四條歪斜的白線形成一個十字架,身上還穿著銅鏽綠的補丁。她舉向髮際的手準備向下撲,輕輕地趨近蹲下。「啾!」一聲,抓到了!這個寶物很快地栽進紙袋,並從上頭衝到下面去。

一隻接著一隻,我們的盒子已經裝滿了。在天氣熱得受不了以前,我們已經抓到好幾種。我們將牠們關進籠子裡,也許牠們會教導我們一些知識!但至少這些蝗蟲,已經給了我們父子三人許多樂趣了。

蝗蟲從來都是惡名昭彰的,書上描述牠們是有害的昆蟲。雖然牠們的確造成橫跨非、亞洲的可怕災害,我對牠們是否應受到這種指責持保留態度。儘管蝗蟲的壞名聲伴隨著牠們全體,我卻認為牠們好處比壞處多。就我所知,這裡的農人從未抱怨過蝗蟲,牠們有什麼害處呢?牠們吃羊兒們從來不碰的粗草;牠們喜歡細弱的青草甚於肥沃的牧草;牠們住在除了牠們之外,沒有其他生物喜歡居住的貧瘠之地,也只吃只有牠們的胃可以消受的食物。

此外,當牠們出沒於有農作物誘惑牠們的田地時,麥粒早就已經收成了。如果牠們剛好在果菜園裡吃了幾口,

這也不是什麼大罪。人也是要吃上幾片生菜沙拉，才會感到安慰啊！以蔬菜上的蟲齧痕跡來衡量事情的重要性，並非是個好方法。短視的人會因為損失了一些梅子，而顛倒了宇宙的順序。如果他認為就是這種昆蟲害的，就會將牠趕盡殺絕。

想想看，如果所有的蝗蟲都滅絕了，會有什麼樣的後果？珠雞在田野上漫步時，一面發出刺耳的叫聲，一面尋找著什麼呢？除了種子外，最重要的就是蝗蟲了。母雞也一樣喜歡吃蝗蟲。牠們都知道這道精緻餐點的好處，對牠們來說蝗蟲就好比是補藥，會讓牠們下更多蛋。所以一有時間，牠們就會攜家帶眷到剛收成的田裡，在那裡學習擷捕蝗蟲的技巧。事實上，所有的家禽都知道蝗蟲是牠們正餐外的補品。

除了家禽之外，每個獵人都知道紅腳松雞的珍貴與價值，每當他們剖開剛射殺的松雞，經常會發現松雞的肚腸裡塞滿了蝗蟲。松雞非常喜歡吃蝗蟲，只要抓得到蝗蟲就不會去吃別的東西。這道美味營養的餐點常讓牠忘了果實、種子的滋味。其他大大小小的鳥類以及秋季到來的候鳥，也都視蝗蟲為神賜的食物，讓牠們在這朝聖的旅程中更為豐美。

Ⅱ. 蝗蟲的音樂天分

蝗蟲擁有音樂才能，也能藉之表達自己的喜悅。在休息的時候感恩上天的賜食，同時享受陽光。牠激昂地拉著弓，重複三、四次，中間有短暫的休息，彈奏著自己的樂章。牠摩擦後腿的邊緣，先是這一隻，然後換一隻，最後兩腿一起來。

但牠的聲音實在小得可憐，我曾求助小朱爾的好耳力，幫忙我聽看看蝗蟲是否真的會發出聲音。果然有，那聲音就像是針尖劃過紙片，幾乎是無聲的。因為蝗蟲幾乎沒什麼發聲裝置，我們也就不能期望太高。牠不像蟋蟀一樣有著鋸齒弓及響板。牠以翅膀下緣摩擦大腿，儘管鞘翅與大腿非常費力，卻仍摩擦不出聲音，因為牠一點齒狀物也沒有。這樣毫無技巧的樂器彈奏，只發得出我們摩擦薄紙般的聲音。正因為發出的聲音太小了，牠只好猛烈地上下廝磨自己的大腿過過乾癮。就好像我們常將雙手放在一起摩擦，只是為了心理的安慰，而不是為了發出聲音。這就是牠表現生命喜悅的獨特方法。

我們在天空烏雲半遮、只能偶見陽光照耀的時候觀察蝗蟲，可以發現每當雲縫一開，蝗蟲就立即摩擦大腿，隨著太陽愈光愈亮，牠的動作也為之激動。牠們的曲調簡單，但只要陽光持續照射，牠們就會一直重複歌唱。當烏雲密布時，歌曲會立即停歇；但只要另一線陽光出現，又會再

度爆發。對這些亮光的愛好者，我們只會有快樂的印象。蝗蟲最開心的時刻，就是當牠吃飽而陽光也煦暖的時候。

但並非全部的蝗蟲都會沉迷在這種喜樂的摩擦之中。例如蟿螽（Tryxalis），牠有一對巨大的長後腿，即使在陽光最耀眼的時候，仍是維持著陰沉的寂靜。我從未見過牠把小腿當弓使用；牠彷彿無法用小腿做其他事情──除了跳躍以外。大灰蝗蟲（Grey Locust）常常到我家的小庭園拜訪我，即使在深冬時候。牠的腿因為過長而發不出聲，但牠有特殊的方式逗自己開心。在平靜無風的天氣裡，太陽正熱時，我很驚訝牠在迷迭香叢裡，展開翅膀快速地拍動，就如同正在飛行一樣。這樣的表演每次都會持續約十五分鐘，雖然速度很快，牠的振翅動作卻很輕柔，幾乎製造不出任何窸窣聲。

其他的蝗蟲也好不到哪裡，其中之一就是徒步蝗蟲（Pedestrian Locust），牠們常在阿爾卑斯山銀色、白色和粉紅色的花叢裡漫步；牠的顏色也和花朵一樣清新。陽光在高地上比平地明亮，讓牠的服裝看來更美麗簡潔。牠的上半身是淡咖啡色，下面則是黃色，大腿是珊瑚紅，後腿是優雅的天空藍，前腳踝是象牙色的。雖然看起來像個花花公子，牠卻穿了件過短的外套。

牠的鞘翅是發皺的長條狀，翅膀也像是斷了一截，長度從不會超過腰部。每個第一次見到牠的人，都會以為牠

還在幼蟲狀態，但牠的確已經是成蟲了，而且會穿著這件短外衣直到死去。穿著這件短夾克，當然無法演奏音樂。牠雖然有大腿，卻沒有鞘翅和格子板讓弓摩擦。其他的蝗蟲只是不大發得出聲音，這一種卻是完全啞的。再好的耳朵努力傾聽，也聽不見牠的聲音。那麼牠應該有其他表達喜悅的方式吧！是什麼呢？我也不知道。

我不知道為什麼這種蝗蟲沒有正常的翅膀也可以活下來。牠可是蹣跚的旅者啊！其他跟牠一樣住在阿爾卑斯山坡的近親，都有卓越的飛行技術，牠卻只有幼蟲時期留下來的不成熟翅膀和鞘翅，以後不再繼續生長，也無法使用。牠持續著跳躍，沒有再大的雄心壯志了；只要能用腳走路當隻徒步蝗蟲，牠就很滿足了。輕輕掠飛過一個接一個山頂，穿過白雪皓皓的溪谷，飛過一個個牧場，對牠來說就很棒了！牠其他的山上朋友都有翅膀，而且也發育得很好。如果能將牠裹起的翅膀及鞘翅抽出，對牠將會很有益處，為什麼牠不這麼做呢？

誰也不知道。生物結構學上仍有這些令我們深感好奇的謎團、驚奇。面對眼前這些深奧的未知，我們最好學會謙遜，並一代代傳遞、解謎下去。

III. 蝗蟲的早期生活

蝗蟲媽媽不是全部都很有愛心的。像是義大利蝗蟲

義大利蝗蟲

有著藍黑兩色翅膀的蝗蟲，在沙裡產完卵後，會將後腳
抬高，向洞裡掃進一些沙，並快速地踏一踏將它壓好。
看著牠用纖細的腳做這樣的動作，交替地將沙踢進挖開
的洞裡，真是賞心悅目啊。

（Italian Locust）辛勤地將自己半埋在沙裡產卵，然後就跳開了，連看都不看那些卵一眼，或者至少將洞給埋起來；那個洞只能靠著沙子自然落下填埋。

其他的蝗蟲並不會如此魯莽地遺棄牠們的卵，比方平常那種有著藍黑兩色翅膀的蝗蟲，在沙裡產完卵後，會將後腳抬高，向洞裡掃進一些沙，並快速地踏一踏將它壓好。看著牠用纖細的腳做這樣的動作，交替地將沙踢進挖開的洞裡，真是賞心悅目啊。經過活潑的踏踩，小蟲家的入口闔上，隱藏起來。裝卵的洞完全不見了，所以那些不懷好意的生物不能輕易地找到。

確保巢安全無虞後，蝗蟲媽媽就會離開。在賣力工作之後，牠吃了幾口綠葉，讓自己恢復精神，隨即為下次的工作再做準備。

灰蝗蟲媽媽靠著幾個重點武裝身體，其他母蝗蟲也是，但都大同小異。牠有四支短工具成對地排列，形狀就像是鉤狀的指甲。最上面的那一對比其他的都大，全都向上勾起；下面較小的那一對，卻是往下勾的；它們形成一種爪子，能輕輕地往外挖，好像湯匙一樣。那是鶴嘴鋤，是牠穿鑿的工具，灰蝗蟲就是靠這個工作。有了這個工具，牠可以輕鬆翻起乾燥的泥土，動作是那麼安靜，好像在挖掘軟泥土。牠彷彿是在奶油上工作，挖的卻是堅硬的地表。

母蝗蟲不是一開始就會找到最好的產卵地點。我曾見

過一隻母蝗蟲，接連挖了五次，才找到合適的地點。當產卵工作結束後，這隻昆蟲從半埋著牠的洞裡起身，我們可以看到牠用奶白色泡沫蓋著卵，這點和螳螂非常相似。

這種泡沫狀的東西，會形成一個由入口到井穴裡的樞紐，像是一個立起的結，吸引目擊者的眼光。它又軟又黏，但很快地就會變硬。這個關閉的樞紐完成後，母親就會離開，從此就不管這些卵了。幾天後，牠又會在別處產下另一批新鮮的卵。

有時，這種泡沫沒辦法淹到表土，但不久後井穴邊的沙就會滑入，將洞掩埋。我捕捉的那些蝗蟲即使把蛋藏得很隱密，我也會知道它們在哪裡。儘管每種蝗蟲的產卵細節有所出入，但結構都是一樣的；都有硬化的泡沫作屏障。井穴裡除了卵就是泡沫，卵在比較下面的地方，一個個堆疊上來，上面就是泡沫；在幼蟲孵化時，這個部分扮演了很重要的角色。我會說它是一種上升梯（ascending-shaft）。

有許多蝗蟲的卵盒子必須過冬，直到天氣好轉，它們才會打開。雖然一開始土壤是鬆軟的，歷經了冬雨也會結成塊，假如產卵的地點是在地下兩吋深的地方，這個硬殼會如何？這堅硬的天花板要如何突破？幼蟲又要如何從下面出來呢？母親的下意識已經為一切做好安排。

當小蝗蟲從卵裡出來的時候，牠發現自己的上面不是粗沙和硬土，而是一條有著堅硬壁面，並且排除所有困難

的筆直通道。小蝗蟲可以輕易穿透這個充滿泡沫的上升梯，去到很靠近地面的地方，最後只剩下一指寬的工作需要去完成。旅程中最重要的部分可以不費吹灰之力。雖然蝗蟲的住所做得很機械化，好像也不花什麼腦筋，但它的確是非常好的設計。

小蝗蟲終於自由了，離開卵殼的時候，牠是白色的，像雲裡有淡淡的紅一樣。牠的孵化過程跟蚱蜢很像，會穿著臨時的外衣，讓牠的觸角與腳能緊緊地貼在身體上。如同白面螽斯，將自己的挖鑿工具貼著頸子。同樣會有個瘤狀物，交替著腫起、消退，在突破阻礙前，像活塞一樣的規律。

即使工作出奇的困難，這可憐的小東西還是必須在清出一條自我之路前，奮力而為；以牠抽動的頭、扭動的腰繼續堅忍不拔。這小東西的努力清楚顯示著，這趟前進光明的旅程是多麼艱鉅的任務。如果不是母親的前置作業幫助牠們走出隧道，很多幼蟲將會在過程中死亡。

當這小東西終於到達地面時，牠必須休息一陣子好恢復體力。突然間，瘤狀物腫起跳動，那件臨時外衣就裂開了。這件破布就被後腳向後拉扯，直到完全脫去。事情完成了，小蝗蟲自由了！到目前為止牠都還是白色的，但卻具有幼蟲的最後型態。

後腳立即伸展開來，放在正確的位置上，小腿折在大

腿下，這彈簧可以開始運作了。動起來吧！小蝗蟲開啟了通往世界的入口，進行第一次跳躍。我給了牠一片指甲大小的萵苣葉片，牠卻拒絕了。在獲取營養之前，牠的首要之務是在陽光裡成熟、成長。

Ⅳ. 蝗蟲的最後變態

　　我看到一幕令人激動的景象：蝗蟲的最後變態，牠的成蟲從幼蟲的外衣內出現了。真令人讚嘆！讓我全神貫注的是灰蝗蟲，這個大個子常常在九月的釀酒季節在葡萄園裡出現。由於牠的尺寸大約是我的手指長，要發現牠比其他的蝗蟲容易。下面這件事是在我的籠子裡觀察到的。

　　已具有成蟲的雛形，看來肥胖、粗野的幼蟲，通常是淡綠色的，但也有些是藍綠色、暗黃色、紅棕色或甚至是炭灰色，就像是成蟲的那種灰色。後腿已經跟成蟲一樣強勁有力了，大腿有很大的紅色條紋，修長的小腿就像是把兩面鋸刀。

　　灰幼蟲的鞘翅這時候還太短小，三角形的翼梢尾端就像是尖尖的三角牆。這兩片衣尾，看起來就像是被人惡作劇夾短了，只掩蓋小蝗蟲裸背的一小部分，遮住兩條將會萌發翅膀的斜帶子。總之，在不久之後會成為豪華纖細的翅膀，如今只是兩塊粗劣古怪的破布而已。這兩片可悲的封皮，最後將會變成宏偉的雅緻品。

首要之事就是褪下那張老膜皮。小蝗蟲穿戴一生的甲冑，目前只是一件比其他皮膚還薄弱的內裏。可以看到裏面的血正澎湃不已，交替著上昇下降，擴張著皮膚直到內裏撐不住而裂開，彷彿對稱的兩半曾緊密結合。這條裂痕在兩隻扣緊的翅膀間延伸，一直到頭部，在觸角的底下分成左右兩邊的短枝。

透過這個裂縫可以看到新生成蟲的背部，很柔軟、蒼白，幾乎不帶一點灰色。幼蟲在外皮裡慢慢地脹成塊狀體，最後終於完全釋放開來。接著是頭部從面具殼裡拉出來，那張留在原地的面具，幾乎保持原來的狀態，只是那雙看不見的大眼睛，讓人覺得很奇怪。觸鬚的鞘沒有一點皺褶，也毫不紊亂，在它們原來的位置上毫無改變，掛在小蝗蟲現在已呈透明的面具上。

這表示在裡面的觸鬚，儘管像是手指在手套裡一樣，被包在窄窄的鞘裡，還是可以幾乎不擾亂表面。裡面的東西輕鬆地滑出，就如同滑溜平直的物體，從鬆垮的鞘裡抽出一樣。在這變化的過程中，後腳的退出更是引人注意。

現在輪到前腳和中間的腳要脫去牠們的臂鎧了，同樣地，這些脫皮的地方完全沒有留下任何裂縫，頂多只有一點點小皺褶。這隻昆蟲現在被固定在籠子頂端，只靠著長後腳爪子的四支小勾子將牠定住。牠頭朝下垂直地掛著，如果我碰觸鐵絲籠子，牠就像個鐘擺一樣搖搖晃晃。

一雙鞘翅與翅膀也出來了。很像四條窄窄的帶子，有著不大清楚的紋路，有給人紙緞帶的感覺。在這個階段，牠大概只有最後長度的四分之一；牠非常虛弱，被自己的重量壓得彎著身。想像一下四葉草被狂風暴雨打得彎腰低頭的樣子，你就會對現在皺成一團的未來之翼有個清楚的輪廓了。

　　接著舒解的是後腳，大腿出現了，內側表面是淡粉紅色，那裡很快會變成明亮的緋紅色。它們很輕易地從鞘裡出來，因為厚厚的大腿已經為細瘦的膝關節開路了。小腿則是另一回事，成蟲的整隻小腿上都有雙排的硬鬃毛，底端的盡頭還有四個大馬刺狀的東西。小腿根本就像一把鋸子，有著兩組平行的鋸齒。

　　這個難看的表皮，被包在跟它幾乎完全一樣的鞘裡，每個馬刺都被套在類似的馬刺裡，鋸狀物也是一樣。整個鞘卻是非常的合身細瘦。儘管如此，鋸狀的表面滑出它長瘦的匣子，絲毫沒有被任何尖物給勾住。如果不是我一再地目睹這種情形，我永遠也不會相信。那兩把鋸子脫出，卻絲毫沒有傷及我用呼吸就可以撕裂的精緻外鞘；可怕的耙子滑出，也沒有留下任何傷痕。

　　如果有人說，用金箔包著鋸子，再將鋸子從金箔中取出時，一點也不會撕破金箔，人們大概會笑說不可思議吧！但大自然卻造就了這樣的事實，只要有必要，它能使不可

思議的事情成真。

　　這個困難是如此克服的：當腳開始要自由釋放時並沒有未來會顯現的高聳鋸齒；牠很柔軟，而且非常有彈性。當牠顯露出來的時候，我看到它是彎曲的，柔順得跟橡皮筋一樣。只要是藏在裡面的，就仍然保持柔軟，幾乎呈現液體狀。鋸子的齒就在那裡，但不像以後那樣尖銳。當腿收回的時候，釘子就向後縮了；可是當它出現的時候，它們又站了起來，而且變得堅硬。幾分鐘後，腿已經呈現了適當的強硬狀態。

　　最後，那層原本完好的皮此時變得皺亂，並沿著身體向後推拉到頂端，只要從那裡脫去，蝗蟲就完全解脫了。接下來的二十分鐘，牠做了最大的努力，在倒吊時，將自己提起，緊抓住退去的皮。牠接著爬到更高的地方，用牠的四隻前腳固定在鐵絲籠子上，用最後的一震脫去外皮，外皮也隨之掉落地上。蝗蟲的變化過程跟蟬非常相似。

　　蝗蟲現在可以站直了，牠那有彈性的翅膀也都在正確的位置上。它們不再彎曲低下，像狂風暴雨中的花瓣一樣亂七八糟，但看來仍然皺巴巴的。這告訴我們這些東西一定也曾技巧地摺起，盡可能地不占去太多空間。

　　蝗蟲的雙翅逐漸地伸展開，慢慢地這些皺褶即使在顯微鏡下也看不見了。整個過程持續了三個鐘頭。雙翼與鞘翅在蝗蟲的背上站了起來，就像是一對巨大的帆，有時是

沒有顏色的，有時呈現淡綠色，像是蟬初期的翅膀。任何人看到它們起初被潦草捆綁在一起的模樣，都會驚訝翅膀展開的尺寸，並且懷疑那裡怎麼可能有那麼大的空間塞下這些東西！

　　一定有什麼因素讓牠的翅膀延展成一張網紗，成為迷宮似的網眼。必定有一個原始的計畫，一種理想的設計，為所有的元素找到適當的位置。我們房屋裡的每塊石頭，都遵循著建築師的藍圖排列；建築師在建造實體之前，必先形塑一棟想像的建築物。同樣的，蝗蟲豪華的絲翼從寒傖的外鞘裡出現，向我們指出一個偉大的建築師、策劃者（註④），大自然的一切都得依祂而行。

註④：法布爾在此所指的建築師或策劃者，都意指著上帝。

第 19 章
虻蠅

I. 奇怪的餐點

　　我是一八五五年在卡本脫拉司才比較暸解虻蠅，那裡也就是我前面提過的，觀察條紋花蜂的地方。虻蠅奇特的蛹具有強大的力量，能為毫無能力的成蟲開路，這件事很值得我們研究。牠的蛹前面備有一把犁刀，後面則是一支三叉戟，背上有一排叉子，牠就是用這些工具刺破角切葉蜂的繭，或破開山坡的硬泥。

　　在七月的某一天，我們掘起角切葉蜂使巢穴固定在山坡上的小石子，蜂巢圓圓的屋頂因為震動而鬆弛，整片掉了下來，蜂房的巢底完全裸露，對我的觀察是再好不過的事，因為除了布滿小石子的表面外，這個蜂巢再沒有其他的牆了。所有的蜂室呈現在我們眼前，沒有一點損害。如果有的話，我們就要失望了，而蜜蜂也會有危險。蜂室裡面藏著絲質、琥珀黃的繭，又薄又透明，就像洋蔥皮一樣。我們將這些精緻的繭一個個剪開，幸運的話 —— 當然要有耐心 —— 我們可以看到某些繭裡住著兩種幼蟲，一種看來

外表已經乾枯，一種卻是活潑肥胖。在其他的蜂室中，我們可以看到乾枯的幼蟲旁有一些小幼蟲在蠕動。

　　這是繭裡常會發生的悲劇。軟弱乾枯的幼蟲是角切葉蜂的幼蟲。一個月以前，也就是六月的時候，牠吃完了蜂室裡的蜜後，為自己編織一個絲鞘，以便在裡面睡個長覺等待蛻變。這個肥滋滋的胖東西，對於任何侵入的敵人而言，都是豐富且毫無防備力的佳餚。雖然外面有牆壁、屋頂，看起來障礙重重，但敵人還是潛進去吃掉正在睡覺的幼蟲。三種不同的敵人，會出現在同一個蜂巢緊鄰的蜂室裡，一起進行謀害。我們現在只要談虻蠅的事。

　　虻蠅的幼蟲吃完角切葉蜂的幼蟲後，會單獨留在被害者的繭裡。牠是一種赤裸、光滑無足也沒有視覺的蟲；全身都是乳白色的，每個節都形成一個整齊的環，休息的時候非常捲曲，一旦被打擾就會變直。包括頭在內，大約有十三節；中間的部分很清楚，但頭部就難以分辨。又白又軟的頭看不出有任何口器，而且比細針頭還要小。牠還有四個呼吸用的氣門，前後各有兩個，和所有蠅類一樣。牠沒有行走的工具，所以完全無法移動。如果我在牠休息時擾亂牠，牠就會不斷彎曲、伸直，在牠躺著的地方拚命地扭動，卻無法向前。

　　虻蠅幼蟲最有趣的一點是牠吃東西的方式。一件意外的事情引起我的注意：牠可以異常從容地出入蜜蜂幼蟲的

藏身處。我曾看過蛆的數百種用餐方式，這一種卻是前所未見的。

比方翳翁的幼蟲（Amophila-groub）在吃毛蟲的時候，會先在牠的身上開個洞。然後將頭和頸子深深地鑽進傷口，一再地向前鑽、咀嚼、吞嚥和消化，在毛蟲剩下空殼之前，牠決不會將頭伸出來。一旦開始，牠就不會停止吃的動作。我若稍微將牠拉開，牠會在遲疑片刻後，找到剛剛的地方繼續吃下去。如果在毛蟲身上重新開洞，毛蟲會很容易腐爛的。

虻蠅的幼蟲沒有切割受害者的舉動，也不會執著地攀附舊傷口。如果我用尖尖的毛刷子騷擾牠，牠會立即避開。被害者的身上也看不到任何傷痕或破皮的地方。過沒多久，牠又會將粉刺般的頭伸到食物上；無論哪個地方，牠都能毫不費力地就將自己固定在那裡。我如果又用刷子輕掃牠，牠會再次逃避，但總是能從容地回到牠的食物面前。這種幼蟲很自在地一再捉放牠的被害者，忽東忽西的，卻沒留下任何傷痕。由此可知，牠並沒有牙可以咬入皮膚或撕扯。牠只是將嘴巴黏在食物上面或放開，並不和其他食肉的蠅類幼蟲一樣是用咀嚼的；牠不是吃，而是吸。

這件特別的事引起我的注意，我以顯微鏡觀察牠的口器，發現它的形狀像是一個小圓錐形的火山口，邊緣是黃紅色的，旁邊有些模糊的線圍繞著。這漏斗的底部就是喉

口，沒有任何喙或顎的痕跡，也沒有可以咬或咀嚼食物的器官。牠的口器就像是個杯狀的孔，我從未見過其他生物有這樣的嘴，只能拿它跟玻璃吸杯比較了。牠的攻擊方式就是親吻，這是何其殘酷的吻啊！

為了觀察這奇特的口器是如何工作的，我將一隻新生的虻蠅幼蟲和牠的犧牲者，一齊放進一個玻璃瓶裡。

虻蠅的蛆將口器放在蜜蜂幼蟲身體的任何部位。如果有事情打擾了牠，牠就會立即中斷牠的吻；但如果牠要的話，也可以輕易地繼續下去。本來肥胖有光澤的健康蜜蜂幼蟲，經過虻蠅三、四天的奇異接觸後變得相當憔悴。牠的身體乾瘐，皮膚變得皺巴巴的，而且明顯地縮水。一星期後，乾枯的現象更加嚴重，牠又瘐又皺，無法支持自身的重量。我若將牠拿開，牠會癱伏著，像是裝了半瓶水的囊袋。但虻蠅的吻仍要繼續，直到一點一滴將牠吸盡為止。經過十二到十五天，蜜蜂的幼蟲就像是洩了氣的氣球，最後只剩下比針頭還小的白點。

如果我將這剩餘的皮囊放在水裡，再用極細的玻璃管吹氣進去，這張皮就會膨脹起來，恢復原來的形狀。沒有任何一處會漏氣，可見它是完整無傷的。這也證明了虻蠅的蛆是利用口器，從蜜蜂幼蟲的皮膚細孔將牠吸乾的。

這種恐怖的蛆雖然只有一點點大，卻能非常狡滑地選擇攻擊的時間。牠那孱弱的成蟲母親，對於牠進入蜜蜂城

堡的過程，完全幫不上什麼忙。牠自己偷偷地進入蜂房做好準備，一等到時機爬到被害者的身上，後者就要被吸乾抹盡了。

蜜蜂幼蟲吃蜜的時候，如果虻蠅幼蟲太早出現，事情就糟了！受害者感覺有東西要給牠致死的吻，就會搖擺身體或以大顎咬合抵抗，侵略者就遭殃了。不過虻蠅會聰明地選擇最佳攻擊時機，牠會等到危險時刻過去，蜜蜂幼蟲封閉在蛹裡準備蛻變的睡眠狀態下，才會對獵物展開攻擊。因為只有在這個時候，牠的對手才不會有任何反抗。此外，虻蠅幼蟲還有個驚人的進餐特點，就是在進餐的過程中，蜜蜂幼蟲到最後一天都還是活的。如果牠是死的，那蛹會在一天內變成棕黑色並腐爛。但這道大餐經過兩星期，身上的奶油色仍然沒變，也沒有腐化的樣子。生命一直保持到身體完全烏有為止。但我若是在牠身上弄出一道傷痕，牠會全身呈現棕色，不久後就開始腐敗了！一根針輕微地刺牠，會讓牠分解；一個沒什麼大不了的傷害就會殺了牠；但虻蠅兇殘地吸乾牠的精力，卻還能維持牠的生命，直到身體完全消失。我唯一想到的解釋是——但這也只是個臆測——虻蠅幼蟲從蜜蜂幼蟲身上只吸去流質物，其他像呼吸器官、神經系統等東西都還留在體內，直到那層皮囊裡的流質物全被吸光為止，所以蜜蜂幼蟲的生命仍持續著。此外，如果虻蠅幼蟲破壞了蜜蜂幼蟲的呼吸及神經系統，

傷口的毒素就會擴散到這份大餐的全身了！

自由是種高貴的財產，即使是微不足道的虻蠅幼蟲也需要，但是這個世界危機重重，虻蠅的蛆卻能光靠著閉上嘴巴來避開危險。牠完全不依靠母親，自己找路侵入蜜蜂的住所。和多數食肉的蛆不同，牠的母親並未刻意將牠產在有食物的適當處所，讓牠可以自由地攻擊獵物。如果虻蠅幼蟲有一對切割工具、一對大顎或喙，或許反而會馬上面臨死亡。因為牠一定會隨意地撕咬受害者，而導致食物的腐化；雖能自由攻擊、行動，卻反倒招致自己的死亡。

II. 虻蠅的出路

也有些動物是以吸食的方式，食用牠的犧牲者，並且不留下傷痕，但是就我所知，沒有任何一種比得上虻蠅幼蟲的完美技術。此外，也沒有其他昆蟲比得上虻蠅離開小蜂室時使用的方法。當別的昆蟲蛻變為成蟲時，都有挖掘或破壞的工具，比方有對強壯的顎，可以挖掘、推倒土牆或將硬泥塊嚼得粉碎。但虻蠅在最後的成蟲型態，卻什麼也沒有。牠的嘴只是一種短而柔軟的口器，方便牠從花卉中吸吮蜜汁。牠的腳也很虛弱，連要移動一粒細沙都很困難，每個關節都很緊繃。牠那雙必須隨時張開的大硬翅膀，令牠無法穿越狹小的通道。牠有華麗的天鵝絨套裝，只要你輕輕吹口氣，就會立刻開花，當然禁不起與粗糙的隧道

摩擦。牠不能跑到角切葉蜂的巢室裡產卵，所以當牠破繭而出的時候，也不能離開裡面飛向陽光。

虻蠅的蛆當然也無力為即將到來的飛行鋪路。這種乳白色的小蟲，除了脆弱的吸吮口器外，就沒有其他的工具了。牠甚至比成蟲還要柔弱，因為成蟲至少還有飛離的能力。這個蜂房看來就像是虻蠅蛆的地牢，牠要怎麼離開呢？如果沒有其他事物的幫忙，這個問題將無法解決。

蛹是昆蟲蛻變時期中的狀態，裡面的昆蟲雖然已經不是幼蟲了，但也還沒完全變為成蟲，仍然非常的纖弱。牠就像木乃伊，身上裹著繃帶，不能動也沒有知覺，等待著蛻變。牠的肌肉柔軟，肢體透明如水晶，被固定在身上，即使是微小的移動也會妨礙牠的成長。就像是骨折的病人，需要長期用外科繃帶固定治療一樣。

虻蠅的生長狀態卻和一般情形相反，所有重責大任都落在虻蠅的蛹身上。蛹辛苦奮鬥地竭盡己力衝破那道牆並開拓道路；牠如此拚命，好讓成蟲能在陽光下享受。之所以會有如此不尋常的狀況，是因為虻蠅的蛹有一些奇特複雜的工具，包括犂頭、鑽子、鉤子、矛以及其他市場或字典裡找不到的東西。現在我要盡己所能描述這奇怪的蛹。從七月底虻蠅的蛆吃完蜜蜂幼蟲後開始，直到隔年五月，牠就一直睡在角切葉蜂的繭裡，一動也不動地躺在被害人的皮囊邊。等到五月的時候，牠就會皺縮起來脫皮，蛹就

虻 蠅

牠有華麗的天鵝絨套裝，
只要你輕輕吹口氣，就會立刻開花，
當然禁不起與粗糙的隧道摩擦。

在此時出現了，全身換上強韌的紅色甲衣。

　　牠的頭部圓大，上面還戴了一頂由六根堅硬黑刺排成半圓形的冠冕。這六根黑刺是主要的挖鑿工具，形狀就像犁頭。在這工具的下面，還有許多兩根一組的小黑釘，緊緊地排在一起。

　　身體中段的四節背上有一條角質弧形物組成的帶子，在皮帶裡顛倒放置。它們彼此平行排列，頂端還有又黑又硬的尖狀物。帶子上有兩行小刺，中間是凹下的。四個節上共有兩百多根小釘子。這種銼刀的用途顯而易見，當虻蛹進行開路工程時，銼刀可以幫助蛹固定在隧道的壁面，好讓這個勇敢的拓荒者，用帶刺的冠冕用力去除障礙。虻蠅蛹還準備了一種長長的硬毛，就長在一排排釘子的中間，就像倒鉤一樣尖端朝後，好讓這個機器不至於退後。別的節上也有這樣的毛，一簇簇地生在旁邊。此外還有兩條刺帶，功能稍微比前者小；身體的末端，還有一束由八根釘子組成的東西，其中的兩支比其他的長。這部奇怪的穿孔機就是以這種裝備為虛弱的虻蠅打通出路。

　　虻蠅蛹的顏色在五月底開始改變，這表示牠快要變成虻蠅了。牠的頭與身體前部漸漸變成亮麗的黑色，這是虻蠅未來身穿黑衣的先兆。我急著觀察虻蠅蛹如何使用牠的工具，由於在自然狀況下不易觀察，我將牠放在玻璃管中，兩頭是兩個蜀黍髓（sorghum-pith）厚塞。兩塞間的距離和

蜂室的大小差不多，這種隔間雖沒有蜂巢的堅固，卻也同樣強韌，抵得住相當的力量。旁邊的牆是玻璃，蚆蛹的帶子恐怕是釘不住的，這看來將使牠的工作更為困難。

但是對牠來說好像也沒什麼差別，只花了一天時間，蚆蛹就將前面厚 0.75 吋的牆壁鑽通了。我看牠用犁頭抵著後面的牆，身體彎成弓狀後突然彈起，再用帶鉤的頭撞在前面的塞子上，那塞子就隨著釘子的擊打一點一滴地碎落。一段時間後，牠的工作方法有所改變，牠將帶著錐子的帽子往塞子鑽去，急躁地搖擺一會兒，然後再次穿鑿。工作當中當然有休息。鑿洞工作順利完成後，蛹就從洞裡溜出去，但牠卻不完全穿過，只將頭與胸部露在洞外，其他部分仍然留在隧道裡。

玻璃的模擬蜂室的確讓蚆蠅有些昏頭。塞子上的洞很寬也不整齊，就像是個破洞而不是隧道。但蚆蛹一般在真正蜂室裡鑿的洞卻非常整齊，大小就像牠身體的直徑，因為隧道小，所以必須保持平穩。蛹的身體長有一半被阻擋在裡面，或被背上的銼給卡住了，只有頭和前胸會露在外面。蚆蠅必須要有種固定的支撐物，不然的話就無法蛻出角質的鞘，伸展翅膀與長足了。

所以牠在狹窄的出口，用銼將自己固定住。當一切準備就緒，牠就開始變化，在頭上露出一橫一直的兩個裂口，慢慢地將殼裂成兩半，直到胸部。在這十字裂口中，成蟲

突然出現了。牠以顫抖的腳支撐身體，等翅膀乾了後開始飛行，並將脫下的殼丟在門口。這種顏色灰暗的蠅類，約有五、六個星期的壽命，可以讓牠在百里香下探索土巢，享受些許的生命樂趣。

Ⅲ. 進入的道路

如果你留心看了這段虻蠅的記述，一定會發現故事還未完。我們現在已經知道虻蠅是如何衝出角切葉蜂的城堡，卻不知道牠是怎麼進去的。這件事困擾了我二十五年，很明顯的，虻蠅的母親無法將牠的卵放進密閉的蜂巢裡，成蟲沒有爪子，沒有大顎，沒有任何可以穿越牆壁的工具。

那麼，初生的蛆能自己進入蜂室裡嗎？牠只是一小段像腸子的東西，只能在躺著的地方蠕動，卻不能向前移動。牠的身體光滑，口器是個圓孔狀。除了消化食物外，牠什麼事也不能做。牠如此脆弱，究竟是如何進入蜂室的呢？為了解開這個難題，我決定做一回幾乎不可能的實驗，我要從產卵的那一刻起就觀察牠。

這種蠅類在我家附近不多，所以我去到卡本脫拉司。那是個可愛的鄉鎮，我二十歲第一次當老師的時候曾在那裡住過，那所老學校還在，外觀沒變，仍然像座感化院。早期，人們都覺得讓小孩快樂學習不是件好事，所以我們的教育制度都採用壓抑、嚴肅的方式教導。我們的學校尤

其像是感化院，四面牆圍著一塊空地，就像是個熊窩，孩子們在一片懸鈴木下搶奪遊戲的空間。環繞四周的是許多馬廄似的小房間，採光不佳，空氣也不流通，那些就是我們的教室。

現在讓我們回來談談虻蠅。我太慢來到卡本脫拉司了，最佳的觀察時機已經過去，我只看到幾隻虻蠅在牆壁上盤旋。但我並不失望，因為這些虻不是在那裡運動的，而是忙著安置牠的卵。

我頂著大太陽在岩石腳下站了大半天，只為觀察牠們的動作。牠們輕輕地在斜坡前飛轉，距離地表只有幾吋高；從這個蜂巢飛到另一個，卻沒有想要飛進去。不過就算嘗試了，牠們也不會成功，因為隧道太窄小，無法讓牠們展開翅膀飛進去。所以牠們往來探查岩壁，時高時低，時快時慢。有時，其中一隻會飛近岩石，用尾端迅速地點點泥土，動作很快只在一瞬之間。當牠完成這個動作，會在休息一會兒後繼續飛舞。

我想牠就是趁著那個時候產卵的吧，但當我拿著放大鏡觀察時，卻看不到任何東西。其實那是因為我當時太疲累的緣故，加上耀眼的陽光及炎熱的溫度，讓我不容易觀察到任何東西。即使是在平日，都很難看得見這麼小的生物了，更何況是在大太陽底下又熱又倦的我呢？然而我相信，虻蠅就是這樣將卵散布在蜂類常來的地方。牠們並不

將卵掩蓋起來，就任由這些纖細的卵在土礫之間承受烈日曝曬，剩下的事就只能讓小蛆自己去完成了。

第二年，我在卡里科多瑪（Chalicodoma）附近繼續我的虻蠅觀察。每天早上九點，當太陽熱度開始讓人受不了時，我就去野外觀察。我早有會被太陽曬得頭痛的心理準備了，但天氣愈是炎熱，就愈有機會解開我心中的迷惑。路面像熔爐裡的鋼一樣閃閃發光，灰濛濛的橄欖樹傳出顫抖的蟬鳴，天氣愈熱牠們唱得愈瘋狂。就是這個時候！過去有五、六個星期，我有時在清晨，有時在下午，前去搜尋那些岩石荒地。那裡有許多我所需要的蜂巢，卻看不到一隻虻蠅，頂多就是遠遠看著虻蠅飛過，在一段距離之外消失。所有的情形顯示，要看到虻蠅產卵簡直不可能。我甚至囑咐牧羊的牧童們幫我注意那些大黑蠅，還有牠們會常常去的巢。但在八月底的時候，我的最後一絲幻想也破滅了，我們從沒看過一隻虻蠅在條紋花蜂的蜂巢上停留。

我們只看到牠們在多石的地面上飛來飛去。可是當牠們飛翔的時候，老練的眼光一看到搜尋的蜂巢，就會立即飛下去在上面產卵，甚至連腳都沒有著地。如果牠要休息，就會飛到旁邊的土塊、石頭、百里香或薰衣草上。產卵速度這麼快，難怪我和小牧童們都找不到牠的卵。

我的小牧童們幫我拿來好幾籃蜂巢碎片，讓我帶回去觀察研究。我將繭從蜂室裡拿出來，裡裡外外一個個的研

究;用放大鏡觀察最裡層的東西,熟睡的幼蟲和四周的牆壁,卻沒有絲毫的發現。我花了兩星期的時間觀察那些蜂巢片,將看過的堆在旁邊,就這樣積了一大堆。我努力不懈地不斷研究,卻仍一無所得,這件差事還真需要不屈不撓的信念呢!

最後,我看見蜜蜂幼蟲身上,似乎有一種東西在移動。這是我的幻覺嗎?是我呼吸吹起的細毛嗎?不,這不是幻覺也不是細毛,那的的確確是一隻蛆狀幼蟲。但當下我並不覺得那有什麼重要的,因為我已經被這小蟲的出現弄得暈頭轉向了!

幾天後,我找到了十隻這樣的蠕蟲,將牠們分別放進裝有蜜蜂幼蟲的玻璃管中,牠們在蜜蜂幼蟲上扭動。這東西非常細小,只要皮帶稍微皺縮就看不到了!有時在放大鏡下觀察了一天後,第二天就突然看不到了,我以為牠跑掉了,但後來牠又重新動了起來,我才又發現了牠。

之前我大概就知道虻蠅幼蟲會有兩種型態,第二種我們之前介紹過了,就是吸食蜜蜂繭裡幼蟲的那一種。我問自己新發現的這種蠕蟲是不是第一種型態?時間給了我確切的答案,因為最後這些蠕蟲真的變化成我們之前說過的那種型態,開始用牠的口器來吸食犧牲者了!這種新發現的滿足感,讓我忘了之前所受的勞苦。

這種小蠕蟲就是虻蠅的「初級幼蟲(primarylarva)」,

第19章 虻蠅

219

牠非常活潑，在受害者肥胖的身上爬行。一曲一伸地在地上快速爬著，和蛾類的幼蟲動作很像。牠身體的兩端是主要的支撐點，行動的時候會鼓起來，很像有節的繩子。連頭在內共有十三節，頂端還長了短硬的毛，身體下方也有四對這樣的毛幫助行走。

這些柔弱的蠕蟲保持這種型態約兩星期之久，既沒有長大也不吃東西。事實上，在這段期間，牠也沒有東西可吃。但牠可沒閒著，在那裡觀察著未來的食物，在附近跑來跑去。

這種長時間斷食的習性是可以理解的，在自然的環境中，牠也必須如此。虻蠅媽媽將卵產在蜂巢上，離蜂的幼蟲還有一大段距離，何況那裡還有厚實的牆壁保護著。但找一條通往食物的路是蠕蟲自己的事，牠無法使用激烈的手段，只能耐心地爬過迷宮般的細縫。即使對細長的蠕蟲而言，這樣的動作也是很困難的，因為角切葉蜂的巢穴都很密實，沒有建築時留下的裂縫，也沒有因天氣不好而裂開的口。照我的想法，牠們的巢應該只有一個弱點，那就是蜂巢與岩石間的連結處。然而這也限於少數幾個蜂巢才有。所以我相信這些蠕蟲能在蜂巢的任何地方找路進去。這種蠕蟲非常脆弱，除了堅強的耐力外，一無長處。

我不知道牠究竟花了多少時間工作，才進得了蜂巢的土房。但我相信這緩慢的旅行需要好幾個月，所以這種以

穿越蜂巢為首要職志的虻蠅第一型態，必須能不靠食物生存下去。最後，牠會在蜂室裡脫去外皮，變成我們之前已經熟悉的第二型態，並將口器黏在蜜蜂幼蟲身上，那些事我們剛剛都說過了。但為什麼牠能在烈日下於岩石土縫裡不斷地努力與試驗？究竟是什麼驅使牠向食物飛去？這是我無法解答的。

讓我們總結虻蠅的一生吧！牠的生命可分為四個階段，每個時期都有特別的型態及工作。初級幼蟲負責進入儲藏食物的蜂巢；第二型態幼蟲吸食營養；虻蛹必須穿過包圍牠的牆，讓成蟲去到陽光下；成蟲於岩石上散布著卵。虻蠅的故事就這樣周而復始地展開。

第 20 章
寄生蟲

在八、九月這個時節中，讓我們找一個被太陽烤得發燙的山峽邊看看。若找一個正對太陽的斜坡，那裡往往熱得燙手。但這種溫度像火爐一般的地方，正是我們的觀察目標。正是在這種地方，我們才可以得到一番收穫。這一帶熱土，往往是蜜蜂和黃蜂這類昆蟲的樂園。牠們會在地下的土堆裡料理食物——這裡堆上象鼻蟲、蝗蟲或蜘蛛，那裡存著蠅類和毛毛蟲類，還有的正在把蜜貯藏在皮袋、土罐、棉袋裡或是樹葉編的甕。

在勤勞忙碌的蜜蜂和黃蜂中間，還夾雜著一些別的蟲，我們稱之為寄生蟲。牠們匆匆忙忙地從這一家到那一家，耐心地躲在門口守候著。可別以為牠們是在拜訪好友，鬼鬼祟祟的行為其實是在觀察，以便找一個機會在別人身上安置自己的家。

這個行為像是我們人類世界的鬥爭。辛苦的人們，竭盡全力地為兒女積蓄了財產，卻碰到不勞而獲的人來爭奪。有時還會發生比偷竊還要殘忍的惡性事件，充滿了罪惡和貪婪。勞動者悉心照料家庭，付出許多心血，貯藏了多少

他們自己捨不得吃的糧食，最終卻是被強盜吞食了。昆蟲世界也是如此，存在著把別人的財產占為已有的行為。蜜蜂的幼蟲們被安置在四周緊閉的小房間裡，以絲織的繭子當作保護，為的是在進食完後，靜靜地陷入沉睡，直到蛻變為成蟲。為了順利化為成蜂，所有的安全措施都實施了。可是這些防禦被破解了，敵人自有辦法攻進這密封的堡壘。一隻奇異的蟲，靠著一根針，把自己的卵放到沉睡的幼蟲旁邊；或是沒有工具的蟲，靠著自己極小的身軀，邊爬邊滑地溜進了幼蟲的堡壘。於是，堡壘的主人將永遠不會醒來了，因為野蠻的造訪者會把牠吃掉。那些野蠻的強盜，毫無愧意地把人家的巢和繭子據為已有，第二年，代替主人，從土裡出來。

　　看看這個傢伙，身上長著紅白黑相間的條紋，外表像是肥胖而多毛的螞蟻。牠走在斜坡上，一步一步仔細地考察著，巡查著每一個角落，用牠的觸角試探地面。你如果看到牠，可能會以為這是一隻粗壯的螞蟻，只不過炫目的外殼要顯得比普通的螞蟻與眾不同。其實這是一隻雙刺蟻蜂，是許多蜂類幼蟲的天敵。雌蟲沒有翅膀，卻有一根厲害的螫針。雄蜂則有大大的翅膀，體態優雅，牠會在同一路線上來回飛上幾小時，監視著從沙土中出來的雌蟲。而雌蟲踟躕了一會兒，然後停下來，開始挖扒，最後居然挖出一條地下通道，就跟經驗豐富的盜墓賊似的。這個地下

巢穴在地面上並沒有痕跡，但牠能看到我們人類所看不到的東西。牠鑽到洞裡停留了一會兒，然後又重新在洞口出現。這一去一來之間，牠已經做下了罪惡的勾當，在別人的蛹室中產卵，就在那睡得正酣的幼蟲的旁邊，等牠的卵孵化，就會以這隻幼蟲為食物。

這裡還有另外一種蟲，滿身閃耀著金屬般的光芒，身上帶著綠色、藍色和紫色。牠們是昆蟲界裡的蜂鳥，被稱作青蜂（Chrysis）。你看到牠的樣子，決不會把牠與幼蟲的殺戮者聯想在一塊。但是牠們的確是刺殺幼蟲的殺手，用別的蜂的幼蟲作為食物的昆蟲，是個大壞蛋。

其中一種肉色大青蜂，體色半綠半紅。牠不會迂迴的做法，在捕蠅母蜂回家的時候跟著溜進去。牠是大搖大擺地走進一個捕蠅蜂 (bembex rostre) 的巢。當母蜂正在專心的餵養孩子時，對這個壞蛋來說，正是一個好機會，於是牠就堂而皇之地進了「巨人」的家。牠一路走到洞的底端，完全不怕捕蠅蜂銳利的螫刺和強有力的下顎。至於那母蜂，不知道是因為被嚇呆了，還是不清楚青蜂的惡棍行為，竟然任由牠自由進去。到了第二年，若是挖開捕蠅蜂的巢一看，就會發現幾個赤褐色的針箍形的繭子，開口處有一個扁平的蓋子。在這個絲質外殼的搖籃裡，生活著肉色大青蜂的幼蟲。至於那個打造這堅固搖籃的捕蠅蜂的幼蟲呢？現在已經完全消失了。只剩下了一些破碎的表皮了。這是

怎麼回事？原來是是被青蜂的幼蟲吃掉了！

　　還有一種外表多彩絢爛的惡棍，牠有青色的胸衣，腹部則是纏著亮銅色和金色織成的袍子，尾部繫著一條天藍色的絲帶，名字喚作蟻小蜂（stilbum calens）。當一隻阿美德大胡蜂在岩石上築起一座有許多小房間的圓頂蜂巢，外面堆上小石子，並把入口封閉，等裡面的幼蟲漸漸成長，把食物吃完後，開始吐著絲裝飾自己的屋子時，青蜂就抓緊機會等在巢外了。在難以發現的細縫，或是水泥中的小孔，都足以讓青蜂將產卵管塞進胡蜂的蜂巢裡，並順利的產卵。總之，到了五月底，胡蜂的巢裡又多了個針箍形的繭子，從這個蛹室化出來的正是蟻小蜂。而阿美德大胡蜂的幼蟲，早就被蟻小蜂當作美食吃掉了。

　　雙翅類昆蟲總是扮演強盜或小偷的角色。即使牠們看上去很弱小，有時候甚至脆弱的令人不敢抓，否則輕輕一捏就可能把牠們全部壓死，但是牠們卻不容小覷。有一種小蠅，稱之為蜂虻，身上長滿了極細的絨毛，嬌軟無比，輕輕一摸就會把牠壓得粉碎，如同雪花落地前般輕柔，可是與纖細的身體不同，牠們飛起來時有著驚人的速度。乍看之下，只是一個迅速移動的小點。牠飛在空中，翅膀震動得飛快，讓人誤以為牠是靜止的。像是被一根無形的線懸吊在空中。如果你稍稍動一下，牠立刻不見了。就在你以為牠飛到別處去，怎麼找都不見蹤跡。牠跑去哪裡呢？

其實，牠哪裡都沒去，就在你身邊。當你以為牠真的不見了的時候，牠早就跑回原位了。牠的飛行的速度是如此之快，使你看不清牠的蹤跡。而牠停留在空中有什麼用意呢？牠正在打壞主意，等待機會把自己的卵產在別人預備好的食物上。我現在還不知道蜂蚯的幼蟲所需要的是什麼？蜜、獵物，還是其他昆蟲的幼蟲？只能確定的是，牠纖細的身體不能進行地下挖掘，只是在確定有利的地點後，才迅速突襲，在地面上產下牠的卵。我想，母蜂蚯本身就脆弱，牠的幼蟲破卵之後只能艱辛的找附近的食物，自力更生。

我對彌寄生蠅比較了解，牠是一種灰白色的小蠅，蜷伏在陽光下的沙地上，守在鄰居的窩旁等待著搶劫的機會。等到泥蜂們獵食回來，有的銜著一隻蚯，有的銜著一隻蜜蜂；還有帶著象鼻蟲、蝗蟲的。正當大家都滿載而歸的時候，彌寄生蠅就出現了，圍著滿帶獵物的泥蜂打轉，一下向前，一下向後，緊緊跟著泥蜂，不受牠繞圈的戰術迷惑。當母蜂帶著獵物回窩的那一刻，牠們也行動了，飛快地飛上去停在獵物的末端，產下了卵。一眨眼的工夫裡，牠們以迅雷不及掩耳之勢完成了任務。在母蜂還沒有把獵物拖進洞的時候，獵物身上就已帶著不速之客入席了，當這些卵變成蟲子後，將要把這獵物當作成長所需的食物，並在飢餓時把洞的主人的孩子們殺死。

而另一種也在熱燙的沙地上休息的昆蟲，是一種卵蜂

虻，屬於雙翅目。牠的翅膀很大，張開來時，一半有黑邊，一半透明。牠穿著輕軟的絲絨外套，就像蜂虻一樣，但顏色卻是相差許多。卵蜂虻在希臘語是「炭疽」之意。這個命名讓人聯想到牠的外貌，牠有著炭黑的體色，綴以銀白淚珠狀的裝飾。我從來沒有看過如此強烈的黑白對比。

在今日，人們可以解釋獅鬃的體色是因為沙漠環境、老虎的深色條紋是因為竹林裡的陰影帶，在環境下而形成的結果。我希望能知道這些昆蟲為何有如此特殊的穿著打扮。「擬態」是指動物適應環境和模仿周圍事物的能力，至少外表的顏色來看是如此。人們說，這樣對於迷惑的人與接近獵物是有利的，能夠不使驚覺的慢慢接近。雲雀變成土色是為了在田裡啄食時，避免成為猛禽的目標；草綠色的蜥蜴則是為了完美的隱蔽在樹葉中；與甘藍同色的毛毛蟲是防止被鳥吃掉，其他動物也是如此。

我年輕時，也是相信這樣的說法。但後來，我思索著：同樣是要去田裡啄食的灰鶺鴒鳥卻有著白色的胸、黑色的頸。而普羅旺斯的眼狀斑蜥蜴與普通蜥蜴一樣是綠色，但牠的活動地方卻是光禿禿的岩石，連苔蘚都沒有。甘藍上的毛蟲模仿著牠所待的植物，但大戟毛毛蟲卻有著紅白黑三色，與牠所待的綠色樹林不符合啊！就當我們以為掌握了宇宙法則，卻發現不協調的事實，讓我們瞬間尋覓不到。青蜂家族也是如此，牠們擁有鮮艷的體色，出沒的地點卻

是灰暗的地方。彷彿是灰暗的地脈上發光的寶石，對比極大。膜翅目是昆蟲的大類，卻與環境不協調，像是昭告自己的存在一般，但牠的種族卻沒有因此衰敗。

不是只有要吃的對象才會欺敵，聰明的擬態是為了騙被吃的，像是叢林裡的老虎、樹枝上的螳螂。還有想要誘使寄主上當的寄生蟲，奸詐的模仿是必要的，彌寄生蠅似乎證明了這點，牠們灰白色的體態，如同塵土一般。但牠等待泥蜂載著食物回來時，其實泥蜂遠遠就認出牠們來，並沒有被牠們的灰色外衣迷惑，會上下兜繞，以避開彌寄生蠅。儘管彌寄生蠅的體色如環境相同，卻沒有比其他寄蟲有更多的機會。

在我看來，擬態是一種天真的說法，在可能的範圍中，會出現許多的例外。的確，有許多動物在外觀上與環境協調，但是將這些情況排除之外，還是有不同的情況，且為數眾多。我們所設想的法則只是事實中的一個小部分。我給初學者一個忠告：若是想擬態作為嚮導，來提前知道一種昆蟲的習性，那麼在成功一次之前，會有一千次的失敗。

讓我繼續回到寄生蟲這個話題。在看過許多例子後，要說寄生現象是不好的嗎？的確，在人類世界來看，吃別人的東西就是一種偷懶。但退一步想，對於這種專門掠奪別人的食物、吃別人的孩子，以便來養活自己的蠅類，我們也不必對牠們過於指責。人類中的懶漢吃別人的東西是

可恥的，我們會稱他為「寄生蟲」，因為他犧牲了同類來養活自己，可是昆蟲卻不會做這樣的事情。牠們不會掠取同類的食物，昆蟲中的寄生蟲都是獵奪其他種類昆蟲的食物，所以人類社會中的寄生蟲是有所區別的。像是泥匠蜂，牠就不曾去動一下鄰居所隱藏的蜜庫。若是有冒失鬼走錯，闖入別人家，屋主就會訓斥牠。鄰居之間相互尊重，除非是鄰居已經死了，或者已經搬到別處去很久了，那麼只會有一個鄰居將蜜庫占為己有。其他的蜜蜂和黃蜂也一樣，在牠們之中沒有懶惰蟲想去吃同種族的成果。所以，昆蟲中的「寄生蟲」要比人類中的「寄生蟲」要高尚得多。

我們所說的昆蟲寄生，其實是一種「行獵」行為。例如那沒有翅膀，長得跟螞蟻似的那種蜂，用別的蜂的幼蟲餵自己的孩子，這個行為其實也就像別的蜂用毛毛蟲、甲蟲餵自己的孩子一樣。一切東西都可以成為獵手或盜賊，就看你從什麼角度去看待。其實，我們人類才是最大的搶掠者。吃了小牛的牛奶、蜜蜂的蜂蜜，就跟灰蠅掠奪蜂類幼蟲的食物一樣啊。人類這麼做是為了撫育孩子，那與人類相比，昆蟲的寄生又算得了什麼呢？這個情形是一樣。

法布爾生平年代表

童年至少年時代

1823 年 12 月 21 日	出生於法國南部古老村落——聖雷昂。村中的利卡爾老師為他取名為尚·亨利。
1825 年（2 歲）	弟弟弗朗提利克出生。
1827 年（3 歲）	由於母親要照顧年幼的弟弟，所以 3 歲到 6 歲這段時間，被寄養在瑪拉邦村的祖父母家。
1830 年（6 歲）	到了上小學的年齡，他回到聖雷昂，在利卡爾老師開辦的私塾學習。漸漸地對昆蟲和草類產生興趣。曾經因調皮而拿取鳥巢中的蛋，經神父勸說後，把鳥蛋歸還原處。
1833 年（9 歲）	一家人搬到羅德斯鎮，父親開始經營咖啡店。他進入王立學院就讀，因擔任望彌撒儀式助手而免學費。在學期間，學習拉丁語和希臘語。他喜歡上了古羅馬詩人維爾基里斯的詩，因為詩中會描述許多動物的習性，令他著迷。
1837 年（13 歲）	父親經營的咖啡店失敗，舉家遷往托爾斯。進入埃斯基爾神學院就讀，同樣擔任望彌撒儀式助手。
1838 年（14 歲）	這一年，父親的咖啡店再度失敗。搬到蒙貝利市後，仍然經營咖啡店。他獨自離家，以賣檸檬、做鐵路工人等自立更生。為了買《魯布爾詩集》，還把當天的工資與口袋中的錢都掏出來了。

卡爾班托拉時代

1839 年（15 歲）	以第一名的成績通過公費生考試，進入亞威農師範學校。不但能減免學費，還可在學校住宿。常在上課期間偷偷觀察昆蟲，在亞威農附近的雷·撒格爾山丘上，第一次看到神聖糞金龜努力推糞的情景而感動不己。
1840 年（16 歲）	因沉迷觀察各種小動物，導致成績退步。被師長責罵後發憤圖強，在兩年內修完三年的學分，剩下的一年繼續增強拉丁語和希臘語，對於自然科學特別有興趣。
1842 年（18 歲）	順利從師範學校畢業後，成為卡爾班托拉的小學老師，年薪 700 法郎，在當時來說，這樣的待遇比工人還低。因熱心教學，深獲好評。父親的咖啡店失敗，由蒙貝利市搬到波爾多鎮。
1843 年（19 歲）	與昆蟲學相遇的一年。當時他開了野外測量實習課，在戶外教學時，由學生處得知塗壁花蜂。也由於這種蜂而開始閱讀昆蟲學的書。
1844 年（20 歲）	和同事瑪莉·凡雅爾（23 歲）結婚。他埋首於學問之中，自修了數學、物理、化學等。父親的咖啡店又關閉了，暫時在卡爾班托拉稅務署工作。
1845 年（21 歲）	長女艾莉沙貝特誕生。
1846 年（22 歲）	艾莉莎貝特夭折。通過蒙貝利大學數學的入學資格考試。弟弟弗郎提利克成為小學老師。
1847 年（23 歲）	取得蒙貝利大學數學學士。長男約翰誕生。

| 1848 年（24 歲） | 取得蒙貝利大學物理學學士。長男約翰夭折。已經有兩個學位的他希望到中學教理科，卻苦無機會。 |

科西嘉時代

1849 年（25 歲）	到離法國本土非常遙遠的科西嘉島任職，擔任高級中學的物理教師，年薪 1800 法郎。結識植物學家魯奇亞，兩人經常結伴到山裡採集植物。
1850 年（26 歲）	次女安德蕾誕生。
1851 年（27 歲）	托爾斯大學博物學教授摩金・坦東來到科西嘉，並為法布爾上了一堂博物學課——解剖蝸牛。發現他的資質優異後，勸導他專攻博物學。從此法布爾立志成為博物學家。年底，因感染熱病回到亞威農靜養。魯奇亞在科西嘉因病猝逝。
1852 年（28 歲）	恢復健康，回到科西嘉的中學復職，同時也接獲母校亞威農師範學校的聘書。

亞威農時代

| 1853 年（29 歲） | 成為亞威農師範學校（日後改制為利塞・阿貝紐國立高級中學）物理助教，年薪 1600 法郎。三女阿萊亞誕生。 |
| 1854 年（30 歲） | 取得托爾斯大學博物學學士。這一年，讀到雷恩・杜夫爾寫的有關狩獵蜂的論文後，決心研究昆蟲生態。他經由觀察結果，更正杜夫爾的錯誤，發表更深入的論文。 |

1855 年（31 歲）	四女克蕾兒誕生，陸續在科學雜誌上發表與植物有關的論文。
1856 年（32 歲）	以研究瘤土棲蜂而獲得法國學士院的實驗生理學獎。繼續研究昆蟲，但因生活困苦，他拚命的講課賺錢，研究時間不多。開始研究由茜草提煉染料。
1857 年（33 歲	5 月 21 日，發表《芫菁科昆蟲的變態》論文，另外還發表了有關植物的論文。
1858 年（34 歲）	原本希望成為大學教授，但得知沒有財力作為後盾很難生活。轉而全心投入茜草染料的研究，希望能研究出提煉高純度染料的方法。
1859 年（35 歲）	英國生物學家達爾文在《物種起源》一書中，讚譽法布爾是「罕見的觀察者」。
1861 年（37 歲）	次男朱爾誕生。擔任魯奇亞博物館館長。督察德留依到訪。與植物學家杜拉寇爾結識，成為莫逆之交。又與英國經濟學家米勒相識，志趣相投。
1862 年（38 歲）	認識巴黎出版社社長德拉克拉普，在其鼓勵之下，立志撰寫淺顯易懂的科學讀物。德拉克拉普還承諾會幫他發行。
1863 年（39 歲）	三男愛彌爾誕生，德留依當上教育部部長。
1865 年（41 歲）	登班杜山遇險，細菌學家巴斯德來訪，帶來了由德拉克拉普幫法布爾出版的《天空》、《大地》等科學讀物。

1866 年（42 歲）	茜草染料成功，能低價提煉無雜質的染料。受聘為亞威農師範學校物理教授。
1867 年（43 歲）	對亞威農的貢獻受肯定，獲卡尼耶獎的獎金9000 法郎。
1868 年（44 歲）	因教育部長德留依的推薦，獲雷自旺・得努爾勳章。擔任夜間公開講座的講師。將茜草染料應用在染布工廠，然而此時德國發明化學合成染料，使得茜草染料受到衝擊，夢想破滅。因授課內容成為保守人士攻擊目標，遂辭退師範學校教職。
1869 年（45 歲）	在保守派的策動下，推動教育現代化的教育部長德留依被迫辭職。

歐蘭就時代

1870 年（46 歲）	被思想保守的房東趕出來，只好向好友米勒借錢，全家搬到歐蘭就。一家七口的養家負擔沉重。幸好科學讀物陸續出版，能慢慢地還錢。
1871 年（47 歲）	因德法戰爭影響，在巴黎的出版社無法按時寄來稿費，使得一家的生活更加困苦。
1872 年（48 歲）	經由德留依的介紹，化學家提馬致贈顯微鏡。
1873 年（49 歲）	好友米勒去世。被迫辭去魯奇亞博物館館長一職。有關數學、植物、物理的著作相繼出版。
1877 年（53 歲）	同樣喜愛生物的次男朱爾去世，使法布爾打擊極大。將自己發現的三類新種蜂命名「優里沃斯」，這是拉丁語的「朱爾」。

| 1878 年（54 歲） | 難以走出喪子之痛，悲傷過度而病倒。感染肺炎，差點死去，幸好奇蹟式的痊癒。完成《昆蟲記》第 1 冊。 |

阿蘭瑪斯時代

| 1879 年（55 歲） | 新房東無故將法布爾家門前的兩排懸鈴木砍掉，使他氣憤不已而搬家。在離歐蘭就八公里遠的隆里尼村，找到命中注定的家，取名為「哈瑪斯」（不毛之地的意思）。哈瑪斯的庭院是各種昆蟲的樂園。這年由德拉克拉普的出版社發行《昆蟲記》第 1 冊。往後，大約每三年出版一冊。 |

| 1880 年（56 歲） | 法布爾撰寫的科學讀物十分暢銷，甚至有幾本被指定為教科書。在庭院的枯葉堆裡，發現大量的花潛金龜幼蟲，於是開始研究觀察牠們。來了一個見識多廣的助手——退役軍人法比耶。 |

| 1881 年（57 歲） | 被指定為巴黎學士院的會員。 |

| 1882 年（58 歲） | 《昆蟲記》第 2 冊出版。高齡 82 歲的父親搬來同住。 |

| 1885 年（61 歲） | 妻子瑪莉去世（64 歲）。家務都落在三女阿萊亞身上。非常喜歡研究蘑菇類，開始以水彩描繪。 |

| 1887 年（63 歲） | 與出生隆里尼村的約瑟芬·都提爾（23 歲）結婚。成為法國昆蟲學會的會員，並獲贈同學會的德爾費斯獎。 |

| 1888 年（64 歲） | 約瑟芬產下四男波爾。 |

第20章　寄生蟲

1889 年（65 歲）	獲得法國學士院最高榮譽的布其・德爾蒙獎，可得 10000 法郎獎金，可惜獎金是按月發放 1 百法郎。
1890 年（66 歲）	五女波麗奴誕生。
1891 年（67 歲）	四女克蕾兒去世。
1892 年（68 歲）	榮膺比利時昆蟲學會榮譽會員。
1893 年（69 歲）	父親安東奧尼去世（93 歲）。開始研究大天蠶蛾，發現雄蛾之所以能從遠處找到雌蛾，是因雌蛾散發的一種「訊息散發物」，類似現今所謂的「荷爾蒙」。
1894 年（70 歲）	榮膺法國昆蟲學會榮譽會員。開始觀察糞金龜、半人小糞金龜、鳥喙象鼻蟲和大毒蠍的習性。
1895 年（71 歲）	么女安娜誕生。
1897 年（73 歲）	法布爾親自教導三個年幼的孩子，妻子約瑟芬也一起聽課。
1898 年（74 歲）	次女安德蕾去世。
1899 年（75 歲）	由於市面出現許多仿作，出版品競爭激烈，他寫的科學讀物不再被指定為教科書，版稅因此減少，生活再度陷於困境。
1902 年（78 歲）	為了撫養三個稚子，開始取出存放在出版社的版稅和稿費，榮膺俄羅斯昆蟲學會榮譽會員。
1905 年（81 歲）	法國學士院頒發吉尼爾獎，獲贈 3000 法郎的養老金，生活稍微好轉。

1907 年（83 歲）	《昆蟲記》第 10 冊發行，可是銷路不佳。撰寫《法布爾傳》的學生勒格羅博士計畫舉辦《昆蟲記》出版 30 週年慶祝儀式，並發現老師的生活比他想像中還要清苦。
1908 年（84 歲）	尊敬法布爾的詩人米斯托拉，努力幫助他，最後法布爾的貢獻受到肯定，獲贈養老金 1500 法郎。
1909 年（85 歲）	撰寫《昆蟲記》第 11 冊。身體十分衰弱，出版詩集。獲得「布羅班斯詩人」的稱號。
1910 年（86 歲）	4 月 3 日在米斯托拉的呼籲下，召集各方參加慶祝儀式，並將這一天訂為「法布爾日」。《昆蟲記》由此揚名於世，再度榮獲雷自旺・得努爾勳章和養老金 2000 法郎。尊崇他的人從法國各地寄來捐款。法布爾一一退回，若是地址不明的捐款，則轉贈貧苦人家。
1912 年（88 歲）	妻子約瑟芬去世（48 歲）。總統與大臣紛紛前來向法布爾致敬。
1914 年（90 歲）	三男愛彌爾和弟弟弗朗提利克相繼去世。
1915 年（91 歲）	5 月，虛弱的法布爾坐在椅子上，由家人抬起最後一次巡視哈瑪斯。10 月 11 日與世長辭。16 日，葬於隆里尼墓園，有螳螂、蝸牛等前來送行。
1921 年	因魯格羅國會議員的努力下，政府買下哈瑪斯，以巴黎自然史博物館分館——名義保存下來，並聘請法布爾的兒女阿萊亞、波爾管理。

蘋果文庫會員招募活動 開跑啦！

集點抽「貓戰士鐵製鉛筆盒」

活動內容：

　　即日起凡購買蘋果文庫書籍，就有機會獲得晨星出版原創設計「貓戰士鐵製鉛筆盒」乙個。

參加辦法：

1. 剪下書條摺頁內蘋果文庫專用參加卷，集滿 **3 顆蘋果**，貼到蘋果文庫專用讀者回函並寄回，就有機會獲得晨星出版獨家設計的**「貓戰士鐵製鉛筆盒」**乙個喔！

2. 參加卷僅限使用於蘋果文庫會員招募活動，不得用於其他蘋果文庫優惠活動。

3. 本活動僅限使用蘋果文庫專用參加卷與蘋果文庫專用讀者回函，其餘參加卷皆視為無效。

4. 晨星出版保留、修改、終止、變更活動內容細節之權利，且不另行通知。

蘋果文庫
書系優質好書

★第一部獲得諾貝爾文學獎的童話故事★

尼爾斯是個喜愛捉弄動物的 14 歲男孩，某天因為欺負帶來好運的小精靈，被小精靈施以魔法，身軀瞬間變成拇指般大。後來意外地騎在大白鵝的背上，展開一段飛越瑞典的驚險奇遇……

《騎鵝歷險記》

定價：280 元

★小熊維尼原創系列書籍出版後滿九十年，全新創作故事★

英國作家米恩於 1921 年為自己兒子買了一隻小熊，並取名維尼，之後推出系列作品。以溫暖、童趣的口吻敘事，簡單卻溫暖。看似不經意的橋段，再三咀嚼，饒富哲意。請一起來跟百畝林的朋友玩耍，遇見自己心中的小孩吧

《小熊維尼 1：全世界最棒的小熊（九十周年紀念版）》

定價：250 元

國家圖書館出版品預行編目資料

法布爾昆蟲記 / 尚-亨利‧法布爾(Jean-Henri Fabre)著；
愛德華‧戴蒙(Edward Julius Detmold)繪；曾明鈺編譯；
-- 二版. -- 臺中市：晨星，2018.01
　　面；　公分.--（蘋果文庫；108）
譯自：Souvenirs Entomologiques
ISBN 978-986-443-384-1（平裝）

1.昆蟲 2.通俗作品

387.7　　　　　　　　　　　　　　　　106022464

蘋果文庫 108

法布爾昆蟲記

作者｜尚-亨利‧法布爾(Jean-Henri Fabre)
繪者｜愛德華‧戴蒙(Edward Julius Detmold)
編譯｜曾明鈺

責任編輯｜陳品蓉
文字校對｜陳品蓉、許仁豪
美術設計｜張蘊方
封面設計｜伍迺儀

創辦人｜陳銘民
發行所｜晨星出版有限公司
行政院新聞局局版台業字第2500 號
總經銷｜知己圖書股份有限公司
地址｜台北　台北市106辛亥路一段30號9樓
TEL：(02)23672044 / 23672047　FAX：(02)23635741
台中　台中市407工業30路1號
TEL：(04)23595819　FAX：(04)23595493
E-mail｜service@morningstar.com.tw
晨星網路書店｜www.morningstar.com.tw
法律顧問｜陳思成律師
郵政劃撥｜15060393　知己圖書股份有限公司
讀者服務專線｜04-2359-5819#230

印刷｜基盛印刷股份有限公司

出版日期｜2018年01月15日（二版）
定價｜新台幣250元
ISBN 978-986-443-384-1

Publishing by Morning Star Publishing Inc.
Printed in Taiwan
All Right Reserved